# Creative Design for Home

# 创 意 家 居 饰 品 设 计

艺力国际出版有限公司 编

華中科技大學出版社
http://www.hustp.com
中国 · 武汉

**图书在版编目（CIP）数据**

创意家居饰品设计 / 艺力国际出版有限公司 编. – 武汉：华中科技大学出版社，2018.8

ISBN 978-7-5680-3817-1

Ⅰ. ①创… Ⅱ. ①艺… Ⅲ. ①住宅－室内装饰设计 Ⅳ. ① TU241

中国版本图书馆 CIP 数据核字（2018）第 068181 号

**创意家居饰品设计**
Chuangyi Jiaju Shipin Sheji

艺力国际出版有限公司 编

出版发行：华中科技大学出版社（中国 · 武汉）　电话：(027) 81321913
武汉市东湖新技术开发区华工科技园　邮编：430223

责任编辑：熊　纯　特约编辑：李爱红　责任监印：朱　玢
责任校对：段园园　翻　　译：郭　舫　装帧设计：熊礼波

印　　刷：深圳市汇亿丰印刷科技有限公司
开　　本：965 mm × 1270 mm　1/16
印　　张：14.5
字　　数：116 千字
版　　次：2018 年 8 月第 1 版 第 1 次印刷
定　　价：248.00 元

投稿热线：13710226636　duanyy@hustp.com
本书若有印装质量问题，请向出版社营销中心调换
全国免费服务热线：400-6679-118 竭诚为您服务

# 目录

# 配饰

## 冰冻水花瓶系列

水是自然界中会随着凝固而增加体积的物质之一。“De Vecchi Milano 1935”是一个银花瓶系列，当花瓶内部水温降到 0℃ 时，水开始膨胀，进而塑造花瓶的外在形态。所以这个产品最后的形态是不受控制的，即使经过相同的处理，每件产品也都是独一无二的。

**设计公司：**4P1B Design Studio
**材质：**镀银黄铜

**设计师：** Antonio de Marco
**客户：**De Vecchi Milano 1935 (Milan)

# DEUS 系列

DEUS 是一组由 4P1B 设计工作室制作的产品。产品由黄铜制造而成。

产品一（左图）通过拉动杠杆顶端的盖子，可盖住瓶口，让氧气不能进入玻璃瓶内，从而熄灭蜡烛。

产品二（右图）利用齿轮可轻松调整角度倒出罐子内所盛之物。

**设计公司：**4P1B Design Studio
**材质：**黄铜、玻璃

**设计师：**Antonio de Marco
**客户：**Secondome Gallery (Rome)

# Juice 篮子

Juice 是一个由皮革或橡胶制作的篮子。Juice 的四面体形状是从纸质包装中汲取灵感，这种纸质包装的顶部被切割，以便倒出里面的东西。

Juice 有由 100% 皮革或特殊橡胶制作而成的两个版本，它不仅防水，且带有皮革把手，可灵活移动。

**设计公司：**4P1B Design Studio
**材质：**皮革或橡胶

**设计师：**Antonio de Marco
**客户：**Edizione Limitata

# Revolution 镜子

设计清晰严谨的三面镜子，由相同的元素组成，这些元素以不同的角度安装，以获得不同的配置。在框架、镜子和墙壁之间得到光的平衡。

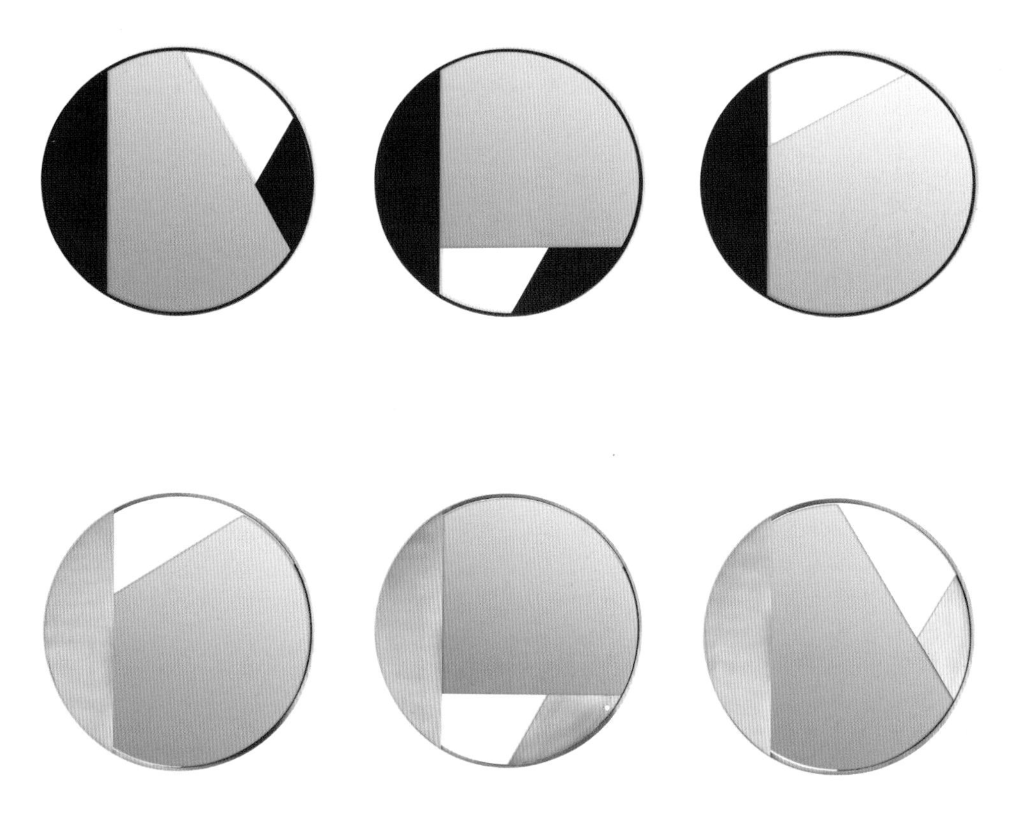

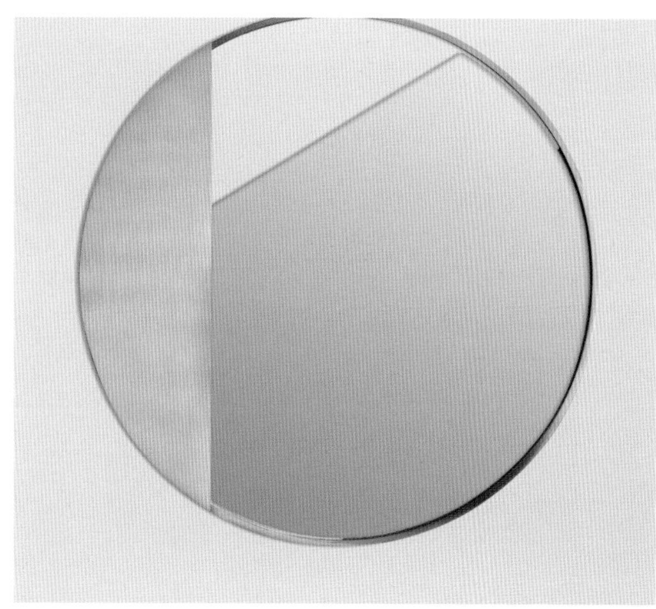

**设计公司：**4P1B Design Studio
**材质：**着色金属或黄铜

**设计师：**Antonio de Marco and Carolina Becatti
**客户：**Edizone Limitata

## 凹凸系列

设计师：Massimo Iosa Ghini
制造商：Guarda Marbles & Stones Srl

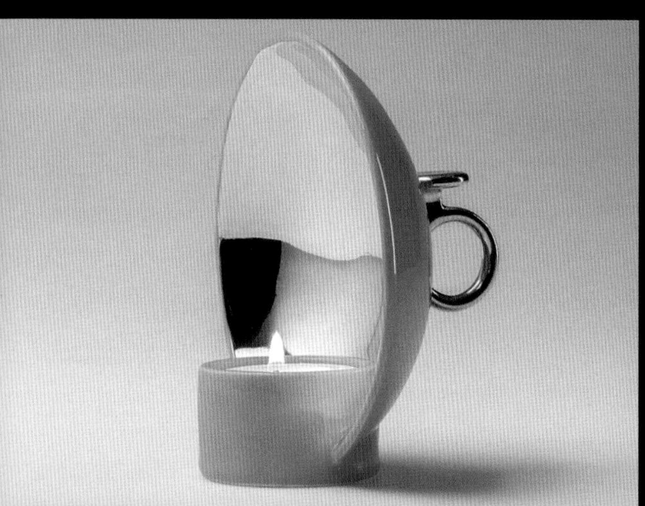

**设计师：**Alessandro Zambelli

# 自画像手镜

这款手镜受东方扇子的启发，把镜子作为一种象征着奢华与美丽的女性配饰。设计师为意大利的一位雕刻专家，他将纸扇上纹路的亮度和整体性呈现在自己的作品里。

**设计公司：**Ilaria Innocenti & Giorgio Laboratore
**摄影：**Hyphen-Italia

# 凹面变形镜

凹面变形镜描绘的是昆虫之间的“领土”争端，看似混乱的设计却以十分简洁的方式呈现。这面奢华的镜子让艺术的哲学根源有了不同的意义；不仅代表了创意的变化，更是美的又一次出发。

**材质和成品**

凹面变形镜由黄铜制作而成，并在手工锤制的基础上，涂上一层镍浴。这些昆虫也是用黄铜做的，并且进行了化学处理。

**设计公司：** Boca do Lobo
**艺术与技术：** 金属切割、铸造、焊接、抛光

## 变形记系列

从定义上说，变形指的是形态改变，通常与昆虫有关。《变形记》是奥地利作家卡夫卡的代表作，被认为是 20 世纪最伟大的小说作品之一，它给人以深刻的反省，让人们开始探寻人生真正的意义。变形，已经成为一种新的思维方式，并为 Boca do Lobo 提供了设计灵感。

**设计公司：**Boca do Lobo

# 罗宾镜

在舍伍德森林深处诞生的传说中，罗宾镜用现代化的方法体现了贵族时代的力量和特征，向英国文学史上最好的弓箭手罗宾汉致敬。这件精美的作品通过手工制作的钉子，获得了一种强烈的视觉质感，使作品独一无二。鱼眼镜为黄铜结构，它是整个罗宾镜中最具代表性的一部分。

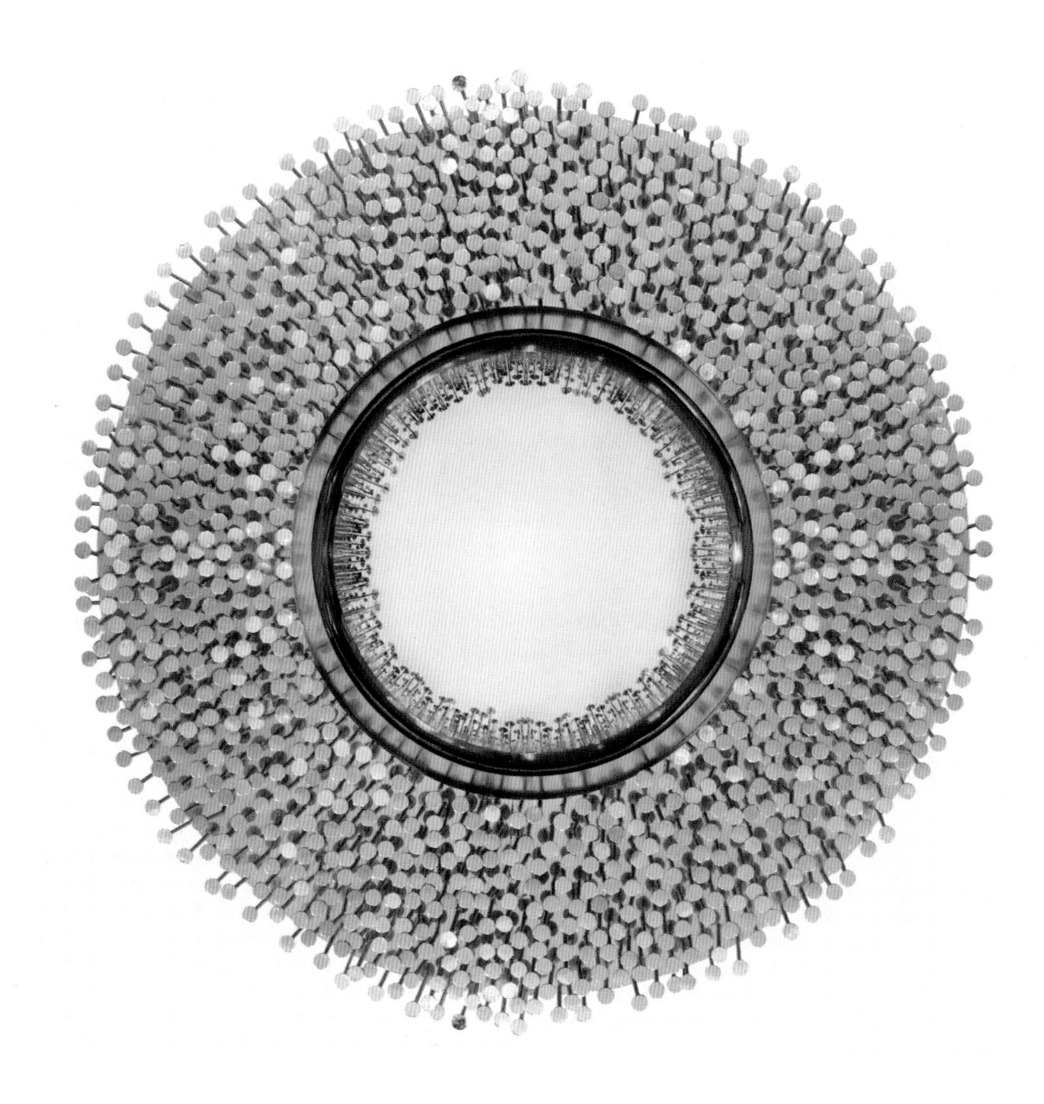

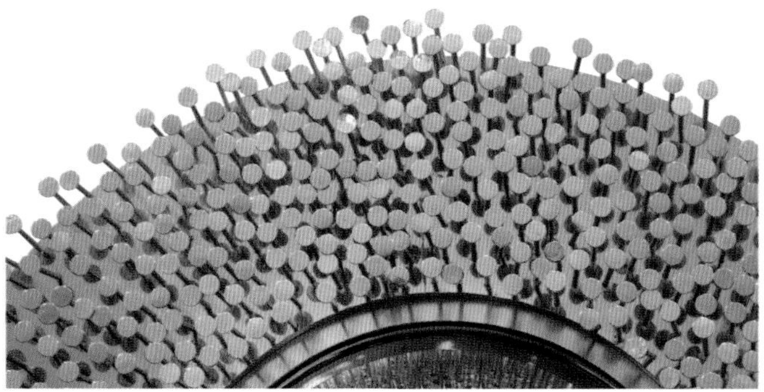

**设计公司：**Boca do Lobo
**艺术与技术：**珠宝技术

**材料与涂饰：**手工雕刻的抛光黄铜

# Barlume 烛台

Barlume 是一组玻璃烛台，是意大利餐桌和旅馆中最经典和最具代表性的物品。这种风格的瓶子由金属饰面和精致透明的颜色组合而成，从灰色到浅蓝色到紫红色，形成了鲜明的对比。这组玻璃烛台还运用了威尼斯制造商古老的光泽清漆技术，在细节上营造出浪漫的氛围。

**设计师：**Filippo Castellani
**客户：**INCIPIT LAB

# 装小物件的“幻影”

vide-poche 是一款很小的收纳容器，摆放在门厅或是床边，用来放钥匙、零钱等。

怎么才能实现，让你的小物品似乎是悬浮在空中呢？

最初，热压聚酯网技术是用于生产汽车发动机的滤油器。当设计师 Jin Kuramoto 遇到了日本制造商 NBC Meshtech Inc 公司，他们使用同样的技术生产了高质量的筛选小麦面粉的工业产品。

“我被这个产品吸引了，直到现在，仅仅是在工业产品中，我也确实看到了设计的可能性。” Kuramoto 说。

他和制造商一起又研发了一个碗，使用最少的材料，却更能承重。于是 vide-poche 诞生了，看上去几乎没有什么材料，像一个幻影。

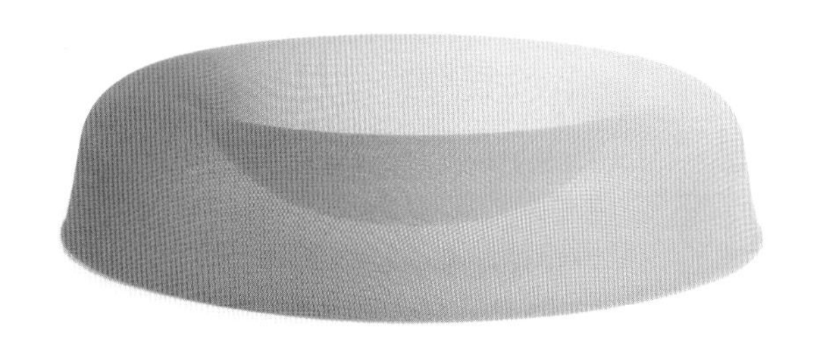

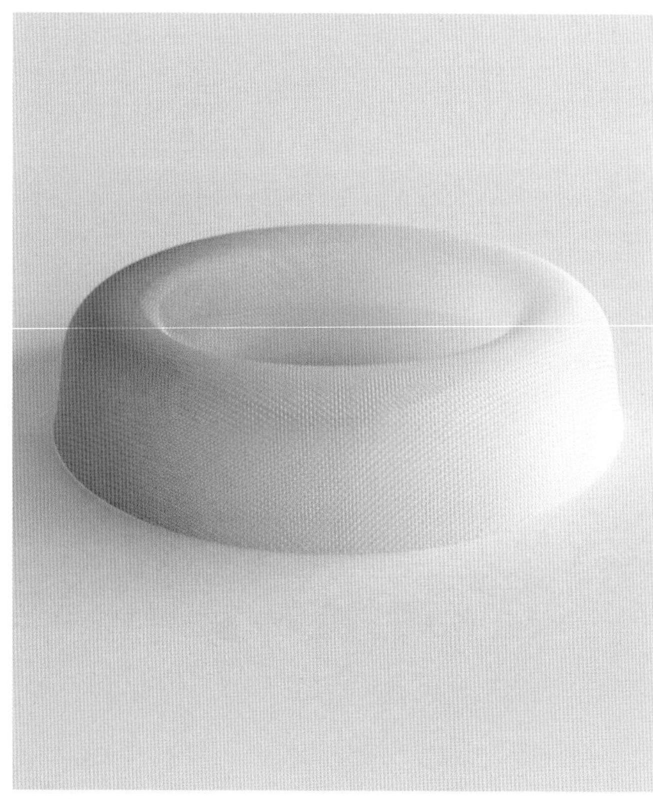

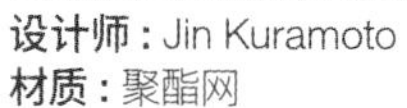

**设计师：**Jin Kuramoto
**材质：**聚酯网

**摄影：**Jin Kuramoto Studio

# OFFECCT 屏风

这些屏风是概念大于个性的产品，它们被看作是对自然之美的颂扬——一种有机形态的森林，它就像一种调节器，可降低噪音，使办公环境十分舒适和惬意。设计师的灵感来源于大自然。

一片雪花，一个蜂窝，一片树叶，这就是最好的形状了。设计师认为把这些屏风放在医院或是大型办公室里是非常好的，让人们感受大自然之美的同时，也能营造私密的谈话空间。

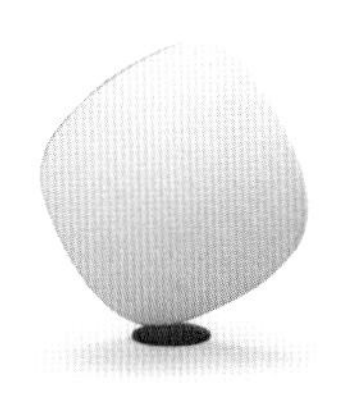

**设计师：**Jin Kuramoto
**摄影：**OFFECCT

# Off the Moon 系列

Off the Moon 是由 Thomas Dariel 设计，由不同设计的 4 款托盘、2 款立式托盘和 4 款边桌组成。设计师用这 10 件作品，让我们感受到了极为诗意的月球之旅。从地球上看，你只能看到被太阳照亮的那部分月球。所以当月亮绕着地球转时，我们看到的是一个不断变化的图像。这个系列的灵感来自两颗星球之间的联系。

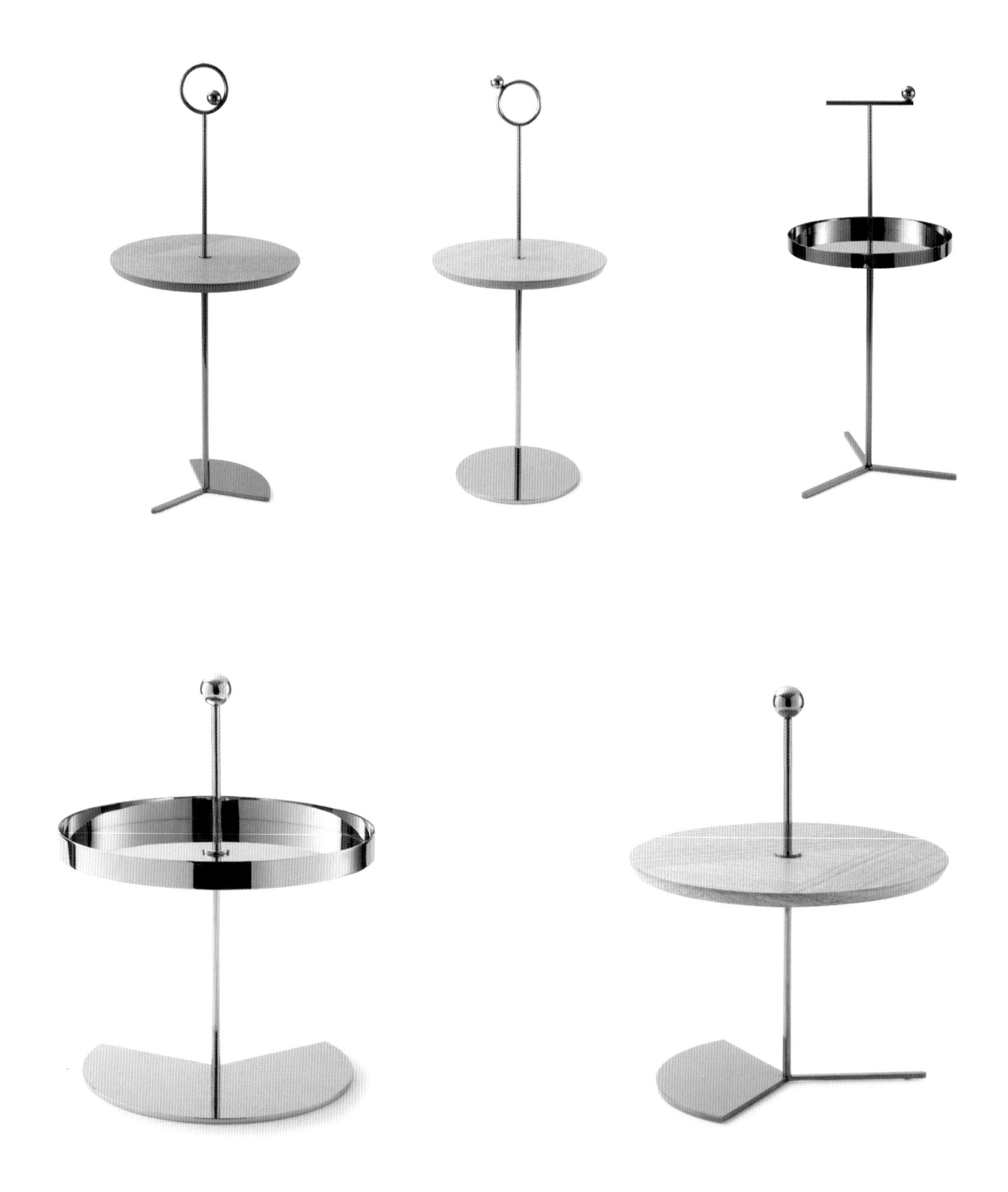

**设计公司：** Maison Dada
**设计师：** Thomas Dariel

# Paris-Memphis 烛台系列

Paris-Memphis 烛台系列的灵感来自 1981 年孟菲斯运动，同时也是向主要发起人艾托索・特萨斯 (Ettore Sottsass) 致敬。设计上打破陈规，不受拘束的结构、自由大胆的线条感让整个系列诙谐而充满了活力。

No.6 和 No.7 烛台采用了波普艺术风明朗亮眼的颜色，传达出幽默而快乐的气息。而同系列的其他产品则别出心裁地选用了浪漫粉彩色，辅以香槟、铜、粉铜色的金属饰面，体现了装饰艺术风的现代和优雅。

**设计公司：**Maison Dada
**设计师：**Thomas Dariel

No.6

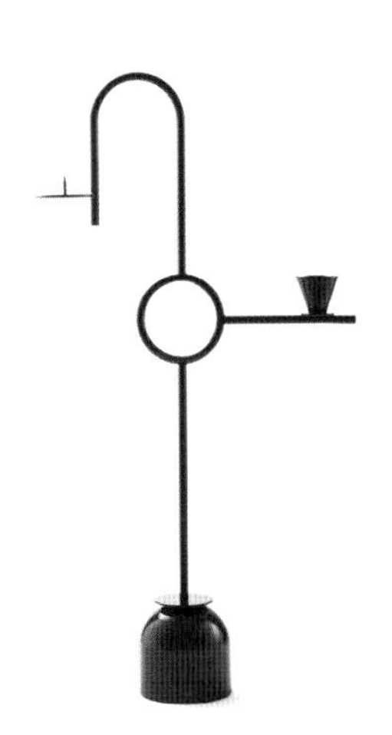

No.7

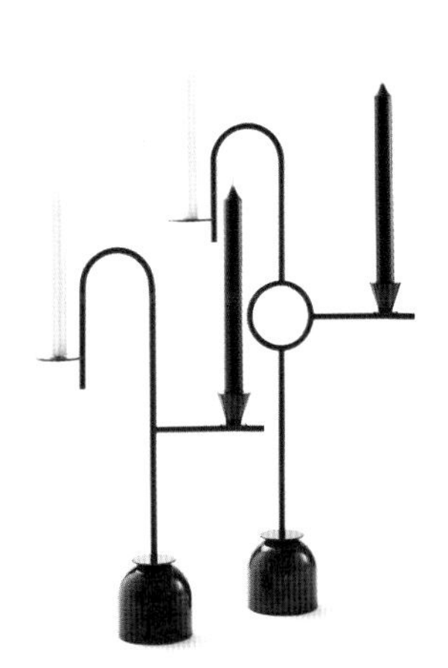

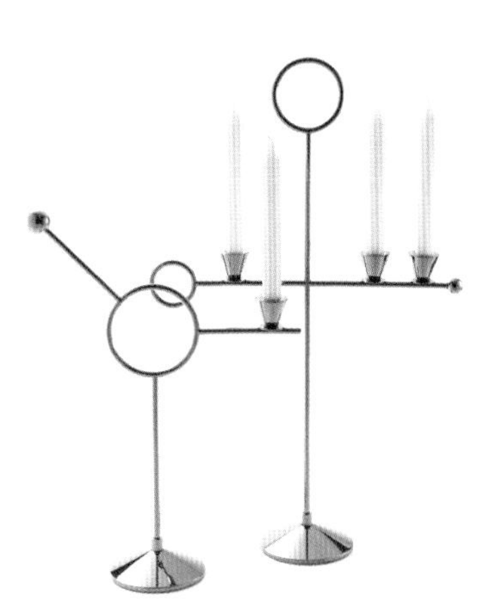

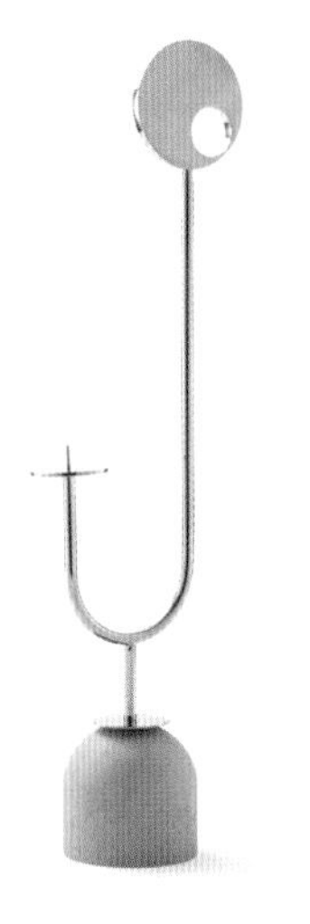

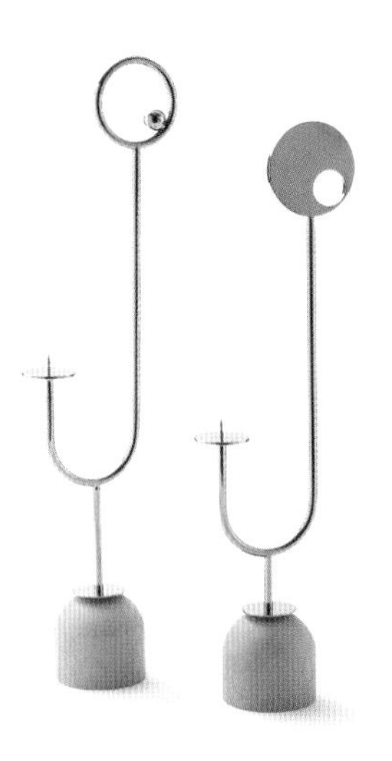

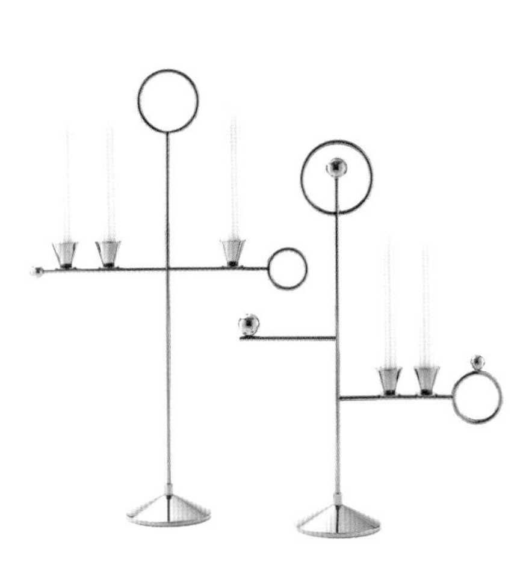

# 大理石花瓶

卡拉拉白色大理石现在极受欢迎，该材料在切割至 2~3 cm 厚时，常常会使用树脂材料来增强抗逆性。为“marmo 三部曲”设计的系列作品，也是受到了这个强调原料的过程的启发，工匠知道了如何获得独特而不可复制的作品。

设计师将这些废弃的大理石和树脂结合，做成了美丽动人的大理石花瓶。

**设计师：**Moreno Ratti
**材质：**卡拉拉大理石、树脂

# 蜡烛

蜡烛引人深思。

**设计公司：**Nueve estudio
**材质：**蜡
**客户：**Self-initiated
**摄影：**Caterina Barjau

Ø 1500
Ø1 000

# 灯具

# Reverb 喇叭台灯

“清晨的光线沿着村庄的屋顶慢慢地移动。霜像糖霜一样，在陡峭蜿蜒的街道鹅卵石上闪闪发光。这些人用电石灯来照亮前方的路。”Mauro Corona 的登山故事中，所有的生活经历都体现在了 Alessandro Zambelli 的新设计中，这是 Alessandro Zambelli 为 Zava 做的新设计——一款设计灵感来自旧时代的电石灯的台灯。

该系列产品的主要特点是有凹面的圆形灯罩，台灯由圆柱形底座支撑。Reverb 喇叭台灯的光线向外照射，使周围的环境沐浴在温暖而明亮的光线中。全金属系列的产品，有红色、淡绿色和灰褐色可供选择，并且可以提供 LED 光源。

**设计师：**Alessandro Zambelli

# Quayside 吊灯

Quayside 吊灯从过去工业吊灯的简易性和功能性中汲取灵感。Quayside 吊灯采用旋转铝结构，有 5 种不同的颜色，黄色、白色、黑色、红色和灰色，并有与颜色一致的彩色编织电缆。

因为其优雅的轮廓及其双色系搭配（彩色的外观、白色的内部），这款经典的现代大吊灯将会对房间的照明产生一定的影响。

**设计公司：**Assembly Room
**设计师：**Peter Wall

# PET 编织灯

2011 年， Alvaro Catalán de Ocón 参加了一个专注于回收 PET 塑料瓶的项目。在哥伦比亚亚马逊，他解决了塑料垃圾的问题，把一个没有价值的塑料瓶子变成了富有当地文化特色的产品——一盏以当地传统纺织技术编织的灯。

PET 灯相信再利用是循环利用的对立面。与因游击战争而流离失所的科卡地区的工匠们合作，并使用传统的工艺和材料，PET 灯项目就这样建立起来了。

2012 年，Eperara-Siapidara 系列作品的问世，使项目在哥伦比亚成功展开了。

2013 年，由柳条工匠制作的 Chimbarongo 系列作品扩展到了智利。

2015 年，Alvaro Catalán de Ocón PET 灯项目拓宽了它的视野。全新的非洲大陆，成为这个项目的一个新的组成部分。利用 Ethiopían 工匠们的篮子编织传统工艺，开发出新的产品——Abyssinia。

**设计师：**Alvaro Catalán de Ocón
**制造商：**ACdO

**摄影：**PET Lamp in Vitra Haus, 2013 by Lorenz Cugini Concept

# 流线型灯

流线型灯系列反映了常用胶合板材料的真实特性。由于它的结构，胶合板通常只是起到功能性作用。“真是太可惜了”Studio Roex 说，“正因为它有多层的粘合薄板，才使得它如此独特。”

流线型灯通过各种木层的综合运用，来揭示胶合板的真实特性，而这些木层通常很少见到。通过数控铣削二维的胶合板材料，可以生产出一种三维材料。因此，木层的模式分展而开，形成了线条之间微妙的相互作用。

**设计公司：**Studio Roex

# Wiener Silber 制造商的 HAMMER 灯具

与 Wiener Silber 制造商的合作是 BIG-GAME 探索使用珍贵材料进行手工制作的一个机遇。在参观工作室的时候，设计师意识到每件作品都是一个小小的宝藏，设计师想要创造一个具有功能性的物体来赞扬工艺之美，但同时也兼具现代化的表达方式。

**设计公司：**BIG-GAME

# Habitat 的 SMALLWORK 小台灯

SMALLWORK 是一种小型的台灯。它采用阳极化铝型材，一体化的 LED 照明，轻便的三脚架形状，稳定的照明功能。SMALLWORK 小台灯采用管式包装出售，并且很容易把两脚连接到灯上。

**设计公司：**BIG-GAME

# Ann 落地灯

Ann 是一盏由不锈钢结构支撑的落地灯，由现代感的结构和完美搭配的方形灯罩组成。灯罩的大小是用来平衡整个落地灯形态的，可以使用织物或丝绸。这盏落地灯是一盏华丽的现代灯，适合放置于家里任何一个安静的地方。

**设计公司：**Boca do Lobo
**工艺：**木工、清漆和电镀

# Union 台灯

Union 是一盏很昂贵的台灯，采用传统的木作工艺，并涂漆处理，由 Boca do Lobo 手工制作。漆面有两种颜色——白色或黑色。Union 台灯的设计与造型极具装饰效果。

灯的底座可以用坚实的橡木、山毛榉木或红木制成，易于造型。灯罩可以使用织物或丝绸。

**设计公司：**Boca do Lobo

# Silhouette 吊灯

这种吊灯的设计灵感来自用于散射光的灯罩的传统构造——金属线框架。但在这种情况下，设计师的想法是要颠覆这个概念，突出金属结构，与硼硅酸盐玻璃棒焊接在一起，体现其价值感及优雅的形态。这款灯具亦可称为“玻璃草图”，能将光源反射放大。

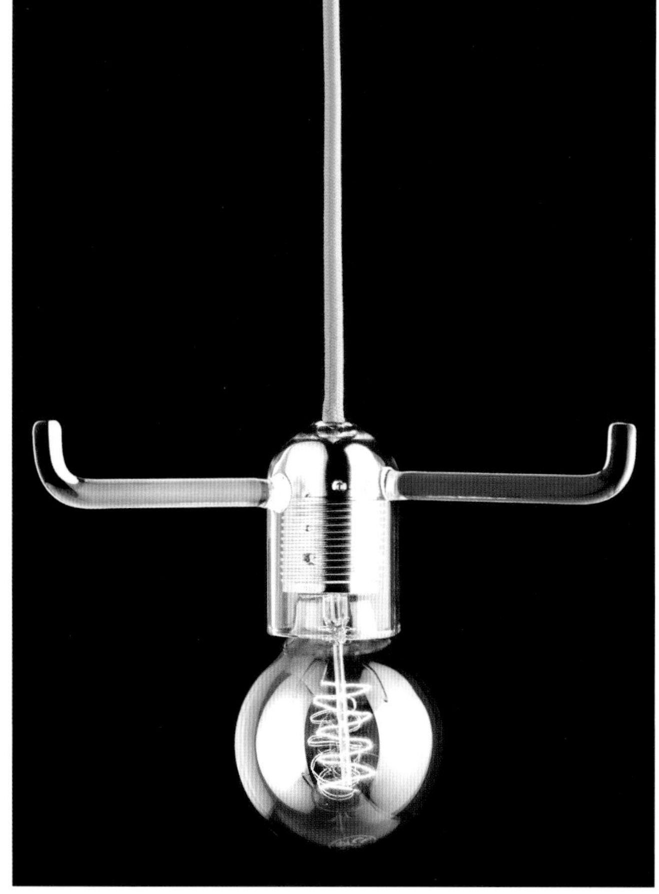

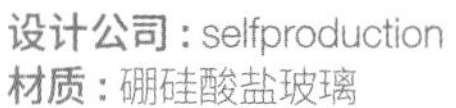

**设计公司：**selfproduction
**材质：**硼硅酸盐玻璃

**设计师：**Giorgio Bonaguro
**客户：**Mercado Moderno Gallery (Rio de Janeiro, Brazil)
**摄影：**Andrea Basile Studio

# Endless 镜子灯

设计师想要创造一个容器的同时，展现出未来的无边无际，让人们有可能把自己置身于这种无边无际之中，并创造一个令人向往的地方。人们可以开始创造自己的未来，暂时逃离忙碌的生活和工作。Endless 将是一个悠闲得让人们忘却时间的地方。

因此，设计师设计出了一系列的镜子灯，分为 3 个不同的型号，每个型号都带有一个可移动的半透明的镜子。随着镜子的移动，可以产生不同的无限光模式，或将光线投向远处，或囿于灯罩之中。半透明灯罩是用树脂做的，光可感应出不同的颜色。

**设计师：**Bram Vanderbeke
**材质：**聚酯树脂、亚克力镜、半透明亚克力镜、LED 灯

**设计公司 :** DelightFULL
**材质 :** 黄铜、钢

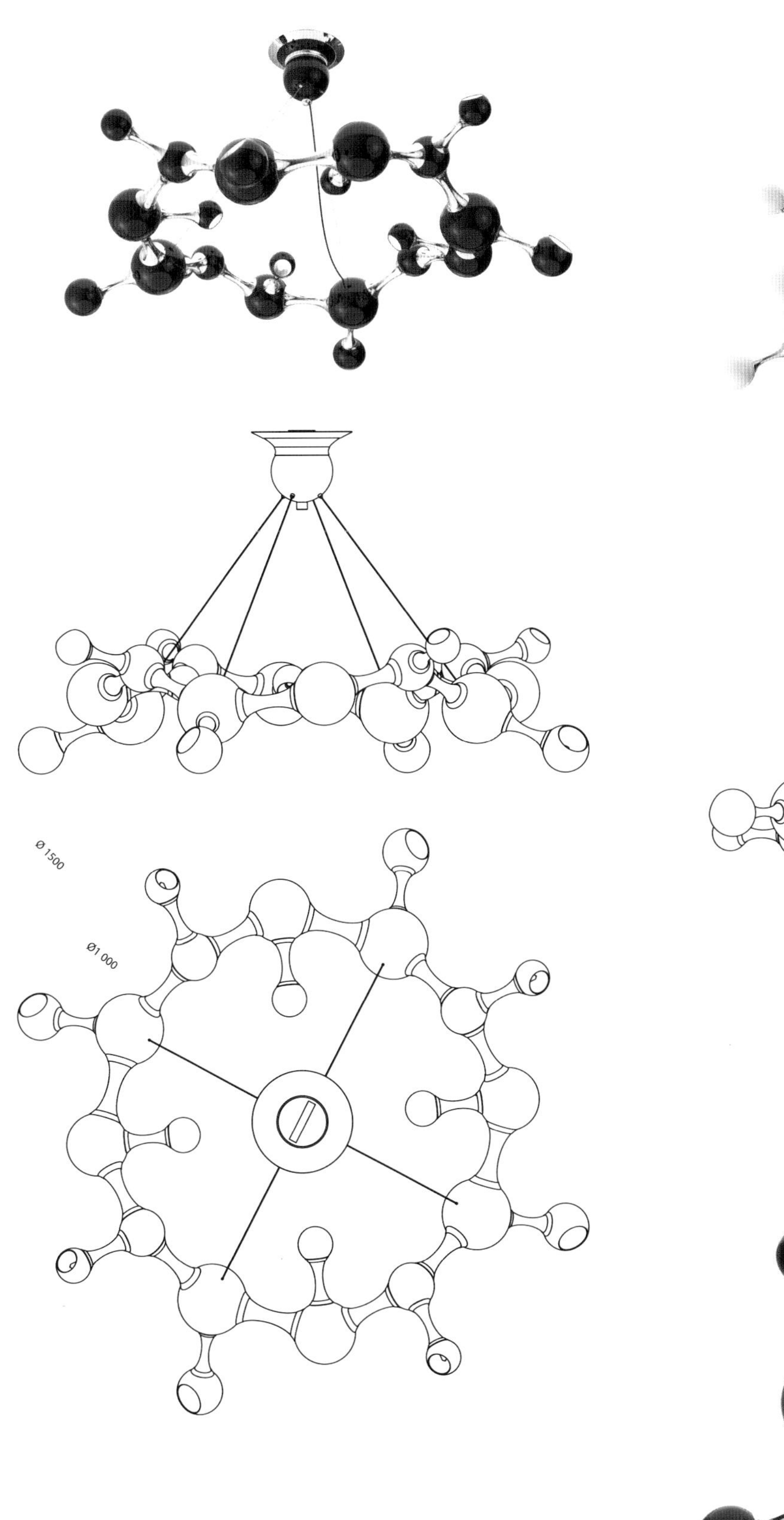
Ø 1500
Ø1 000

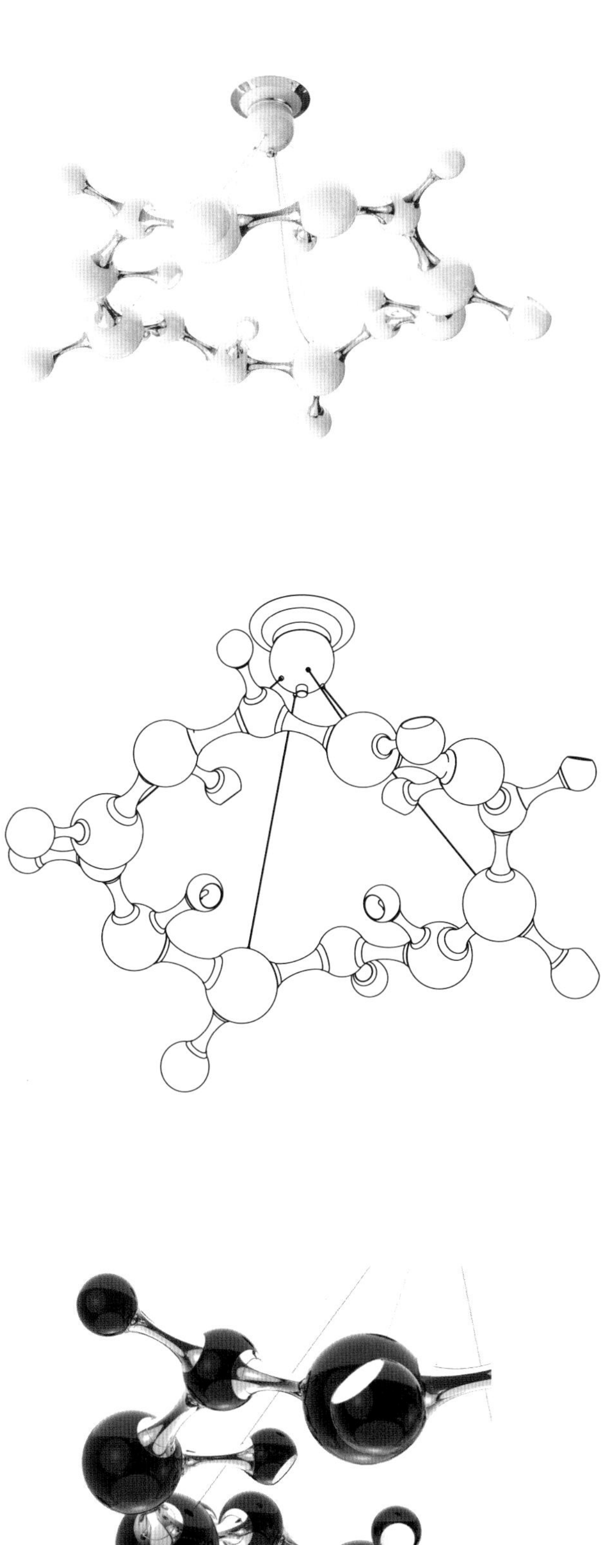

## Botti 系列

就像一个管弦乐队一样，Botti 体现了所有管乐器的细节，并把我们带进了一场盛大的音乐会。Botti 系列灯具是由黄铜手工制作而成，并覆盖着一层金色，展现了 DelightFULL 工匠们的精湛技艺。与之配套的 Botti 桌也使整个空间更为雅致。

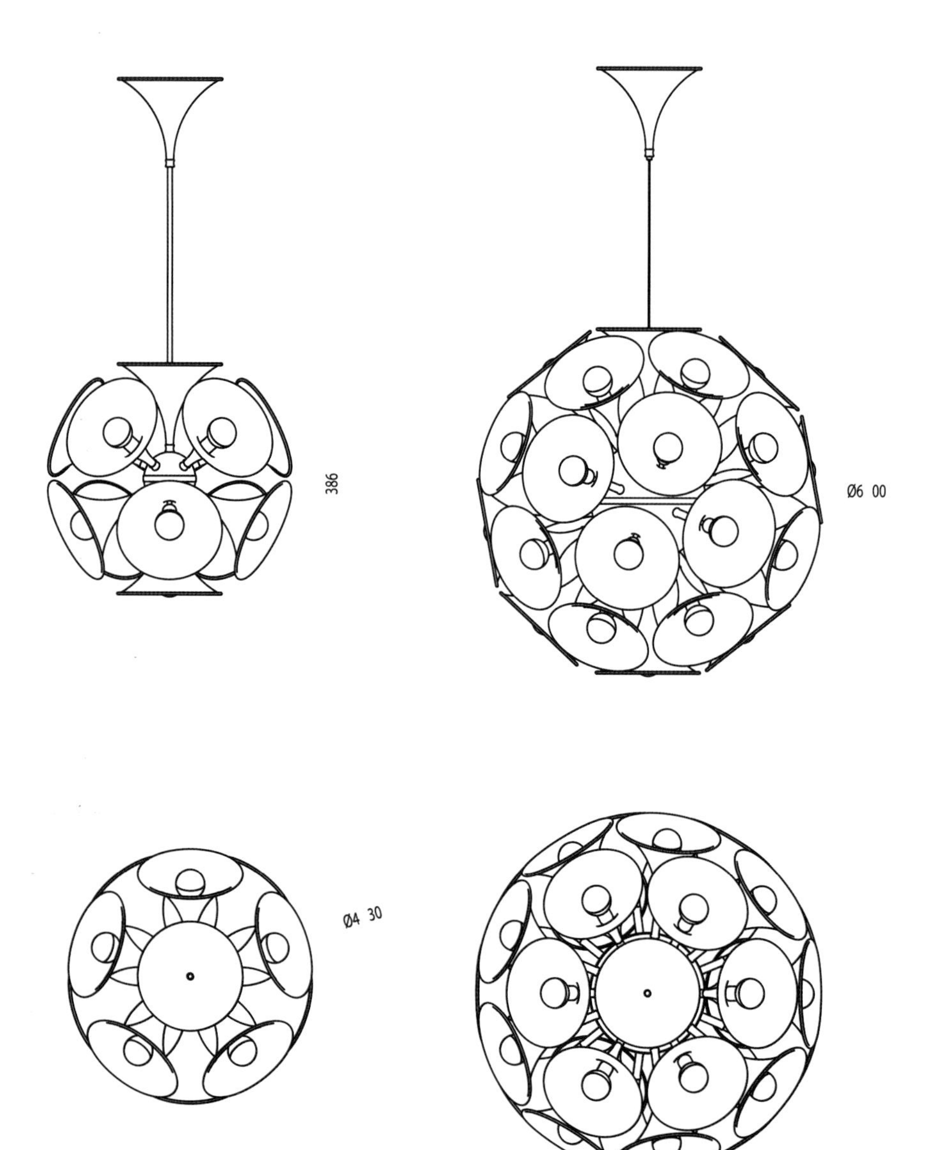


**设计公司：** DelightFULL
**材质：** 黑白根大理石、黄铜

# Donna 台灯

*Donna Lee* 是爵士音乐的经典，节奏快，跌宕起伏。受这一优美乐曲的启发，设计师们创造出了最高贵、最典雅的灯具——Donna 台灯。

这一高贵而典雅的作品，由不规则形状的灯罩、直黄铜管和卡拉拉白色大理石组成，定义了爵士乐的萨克斯风旋律，与最古典的环境融为一体。温暖的阳光透过金管，让每一个客厅都舒适而迷人，让你踏上了通往黄金时代的旅程。

**设计公司：**DelightFULL
**材质：**黄铜

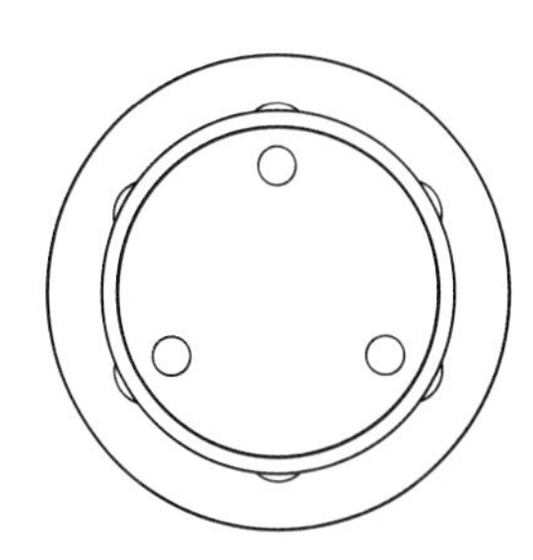

Ø 244

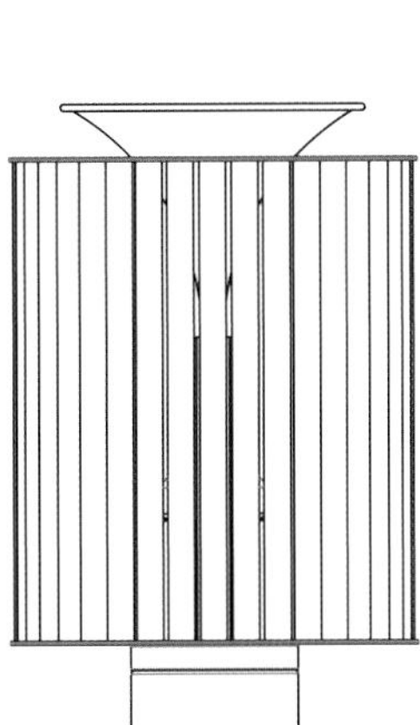

689

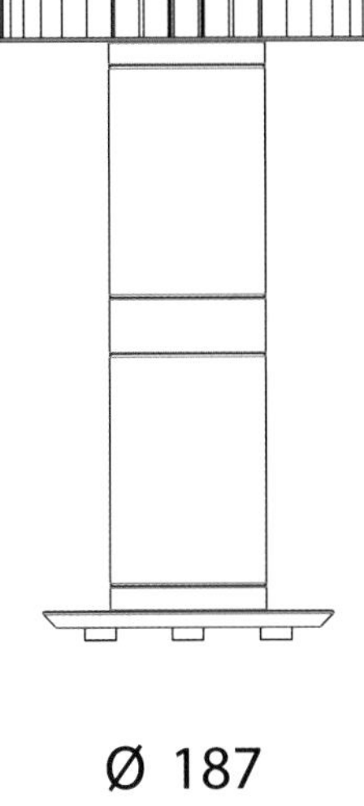

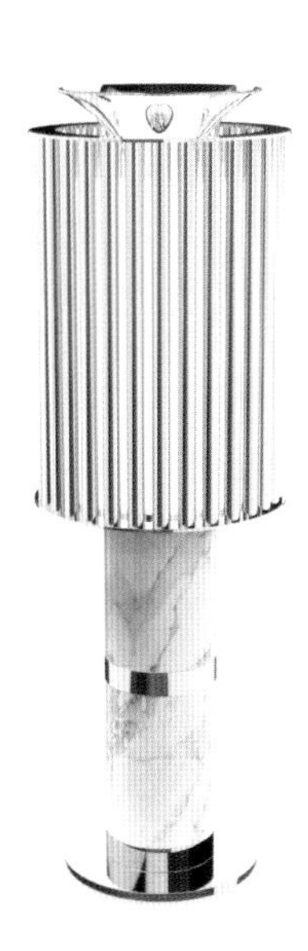

Ø 187

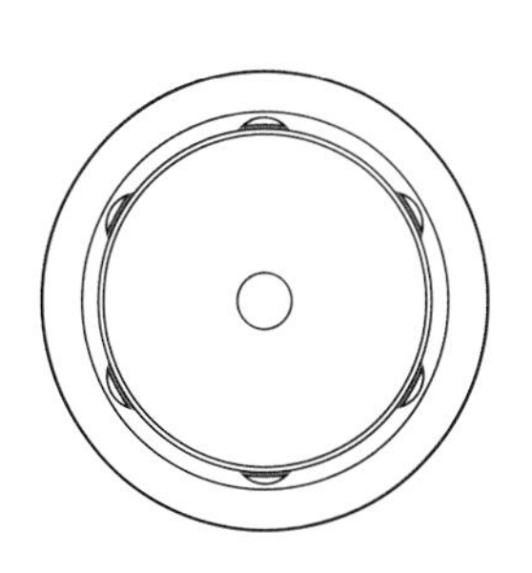

# Etta 圆灯

无论是在客厅，还是在私享休息区，这款设计独特的圆灯都可以带来奢华和高雅的艺术感。

受爵士乐歌手 Etta Jones 的启发，Etta 圆灯有一种怀旧和柔和的复古风格。这个华丽的枝形吊灯可以通过它的层次照射出柔和而温暖的光线，营造浪漫的氛围。所有的黄铜叶都是由工匠手工制作和组装的，手工模具成型。这也是 DelightFULL 要传承的古老的葡萄牙技术。

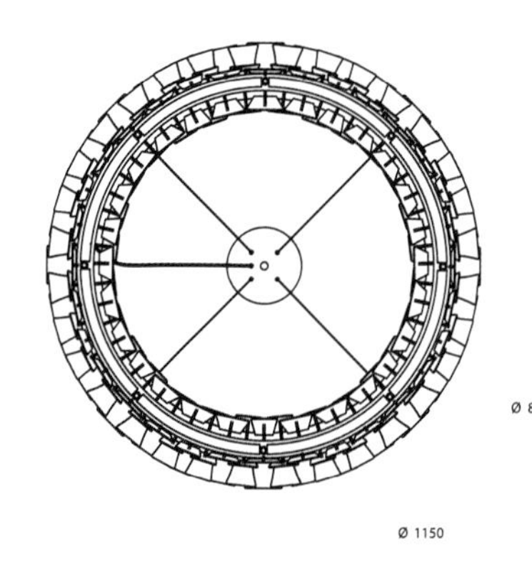


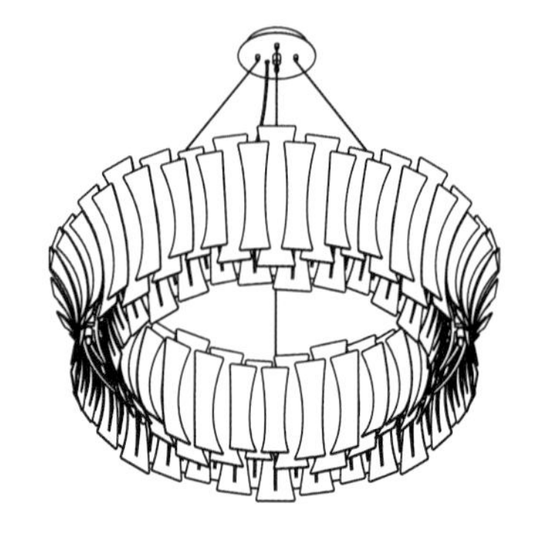

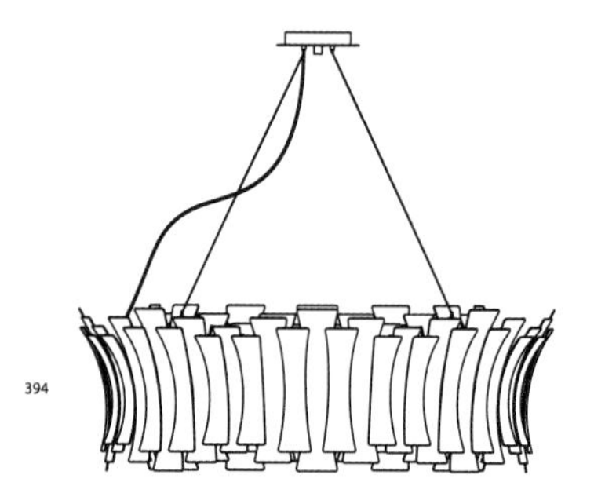

**设计公司：**DelightFULL
**材质：**黄铜

# Hendrix 吸顶灯

Hendrix 是除了 DelightFULL 的核心作品 Heritage Collection 之外的另一款经典之作。

**设计公司：**DelightFULL
**材质：**黄铜

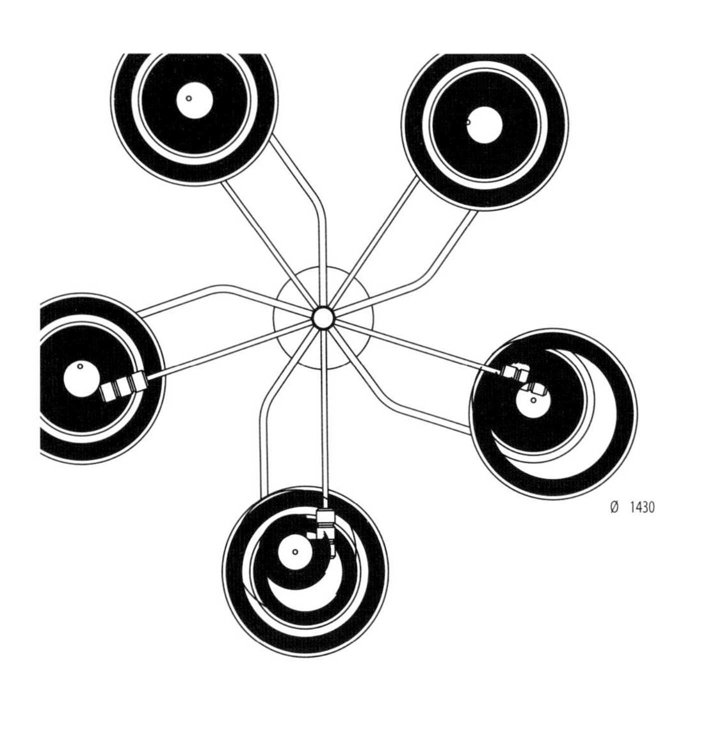
Ø 1430

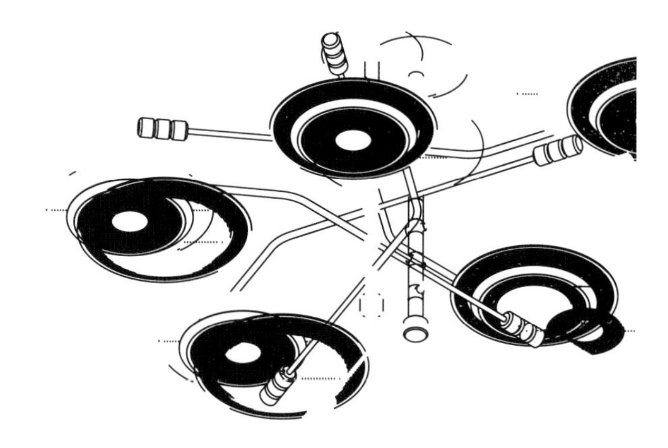

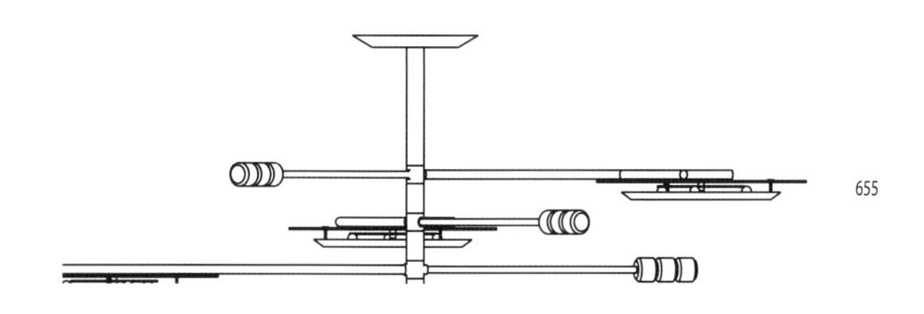
655

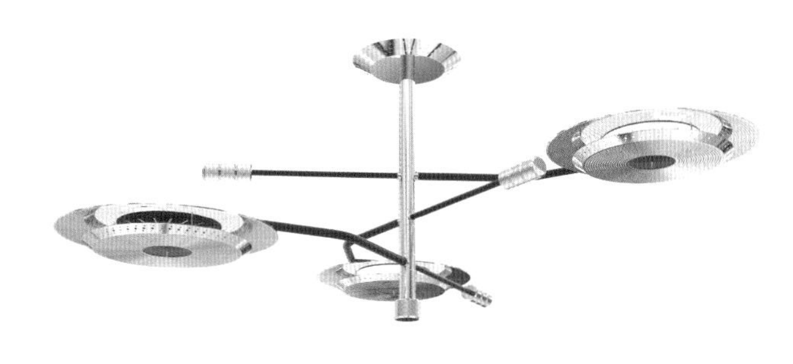

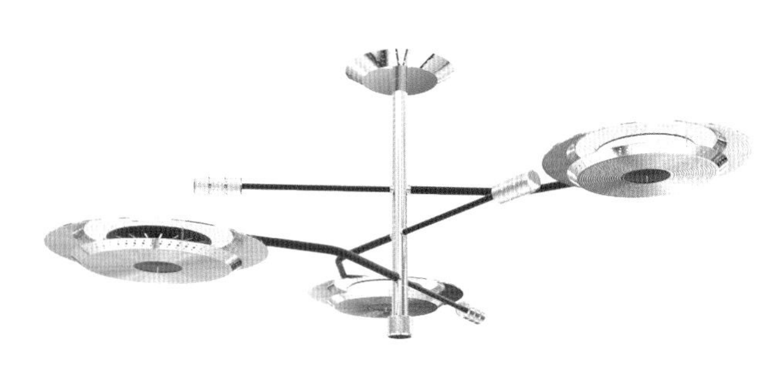

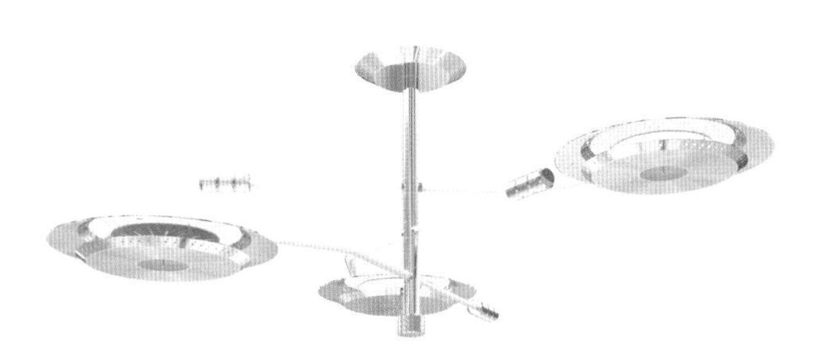

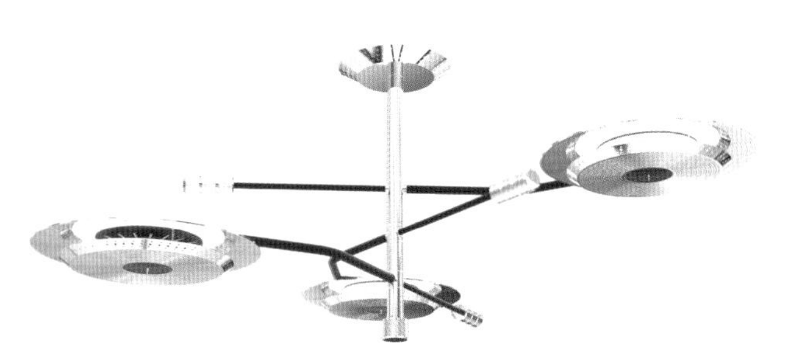

# Bolet Wire 吊灯

Bolet Wire 是由极受欢迎的 Bolet 吊灯演化而来。不锈钢框架与 Bolet 吊灯的结构一样，只是多了电线框架结构。罩面漆包括抛光不锈钢或电镀铜、黄铜和珍珠黑色。粉末喷涂包括黑色、白色或自定义的颜色。这个漂亮而精致的作品有不同的尺寸，悬挂起来非常引人注目。

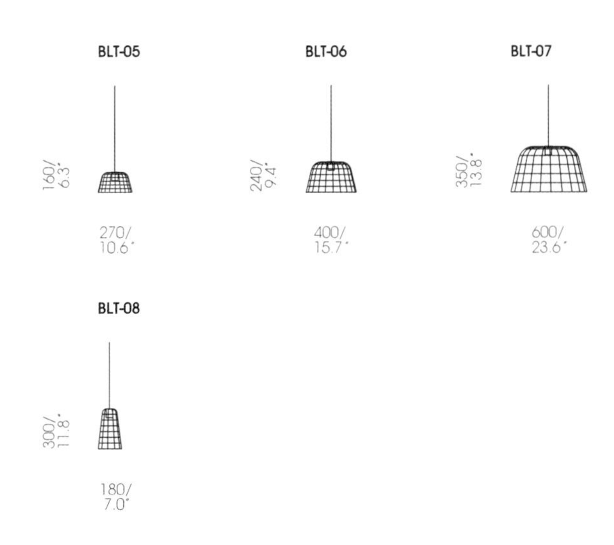

**设计公司：**Derlot
**材质：**不锈钢框架
**设计师：**Alexander Lotersztain
**摄影：**Florian Groehn

# Mirror Mobiles 灯

ELKELAND 是一个视觉工作室，坐落在丹麦乡村深处。

Mirror Mobiles灯将设计师的幻想转化为类似非传统房屋结构的视觉物体。

**设计公司：**ELKELAND
**设计师：**Ida Elke Kallehave

# KALIKA 台灯

台灯的灵感来自大自然，它的名字 KALIKA，在印度语中是“花蕾”的意思，有着强壮而茂盛的特征，并赋予精致的灯具以生命。

KALIKA 是 Massimo Iosa Ghini 与 Venini 的合作作品，饰以由玻璃制造商 Venini 制作的灯罩。

中心的扩散器是用有色水晶吹制的水晶玻璃制作而成，里面是一种 15 瓦的 LED 高科技光源。

这个灯罩，用有色水晶作为扩散器，用一个独特的吹制模制作产生竖条纹的效果，将光线折射成无数的阴影和波纹，就像 Murano 运河的波浪一样。

灯的底座和中心灯有两个版本：一个是金属的，另一个是通过锥形的吹制玻璃改进的。底座与灯罩协调工作，是一种具有 Venini 产品内在特性的柔和设计。

**设计师：** Massimo Iosa Ghini
**制造商：** Venini

# PIN 灯

日本设计师 Ichiro Iwasaki 受 VIBIA 的灯具系列的启发，萌生出了与可持续性和舒适性有关的创意。PIN 灯被认为是对环境和工作照明灯具的一种新诠释，它与传统和现代的室内空间完美融合。

**设计公司：**Iwasaki Design Studio
**设计师：**Fitcut Curve

# 方块灯

Cubo 是一种使用低电压 LED 光源的可持续灯具，用漆了丹麦油的山毛榉木制成。Cubo 可以推广到街区使用，是一盏柔和的暖白色聚光灯。趣味性的前置金属环有不同的颜色可供选择。因此 Cubo 可以适应不同的室内环境，如儿童房、客厅、工作区域等。Cubo 被设计成挂在墙上时，其光线可以向上或向下，甚至是固定在某一个角度。它也可以放在桌子上、书架上、地板上，甚至可以放在你的手掌里。

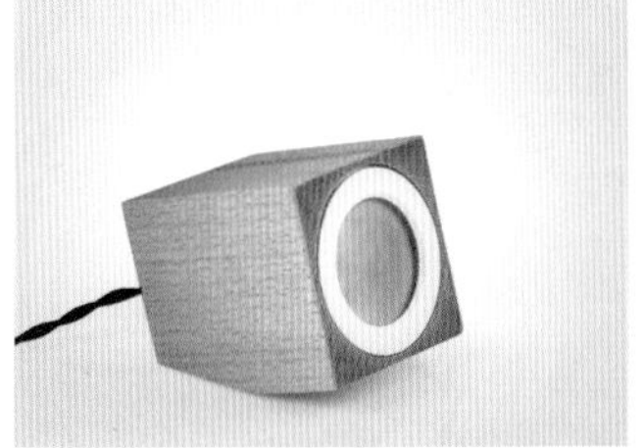

**设计公司：**Kukka Studio **设计师：**Rona Meyuchas-Koblenz
**材质：**山毛榉木

# Felucca 吊灯

Felucca 是一种简单的灯罩，它由防火无纺布和按扣制成，可直接安装在悬挂的灯泡上。用手轻轻造型，几个 Felucca 灯罩就可以组装成一个更大的灯罩。一旦被安装好，Felucca 就会投射出柔和、流畅和优雅的光线。

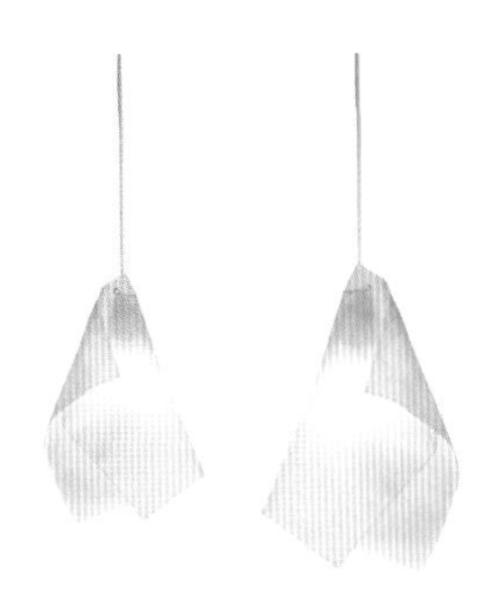

**设计公司：**Kukka Studio
**设计师：**Rona Meyuchas K

# Fungo 枝形吊灯

Fungo 枝形吊灯灵感来自一种形状奇特的蘑菇。该蘑菇生长于木头之上，但设计师却不是在森林中发现它的，而是在 Lasvit 玻璃工厂的地下室里，它长在一块因为潮湿而发霉的木制废弃玻璃模具上。Campana Brothers 将这一意外收获和 Lasvit 的玻璃制造工艺以及自己处理自然材料的技巧相结合，设计出了 Fungo 枝形吊灯。坚硬的木制吊灯架构和吹制的玻璃灯罩形成了强烈反差，但同时又有一种自然融合的和谐感。

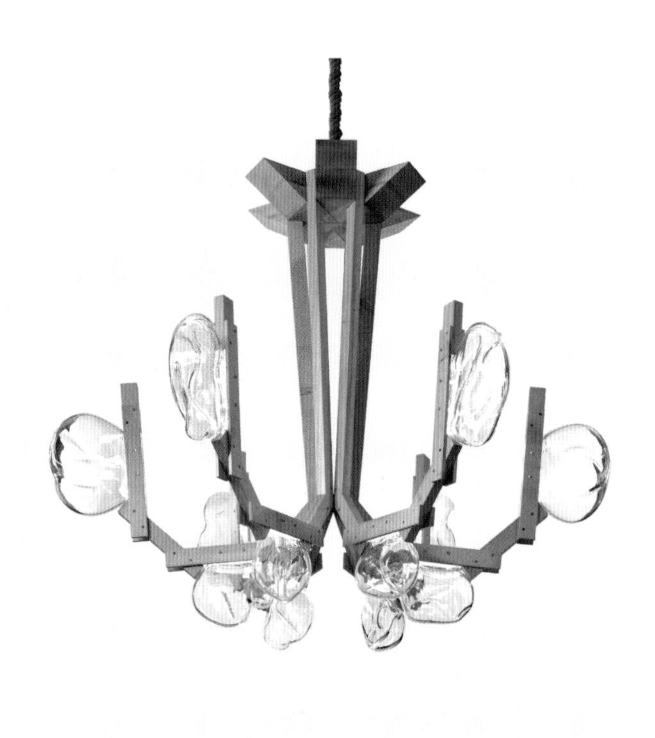

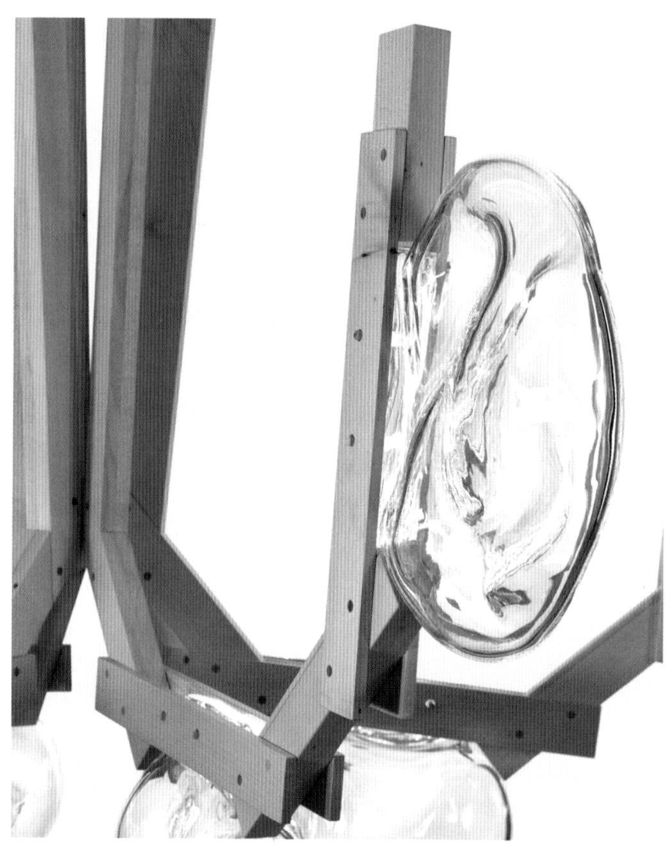

**设计师：**Campana Brothers
**品牌：**Lasvit

# 长颈鹿灯

长颈鹿灯的设计概念的灵感来自一张照片。在该照片中，长颈鹿在美丽的萨凡纳落日下庄严地站在合欢树旁，这一景象代表了大自然的多样性、美丽和功能性。

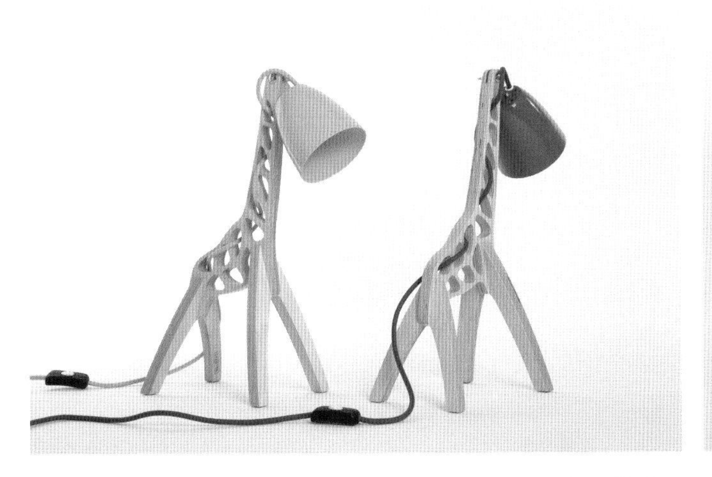

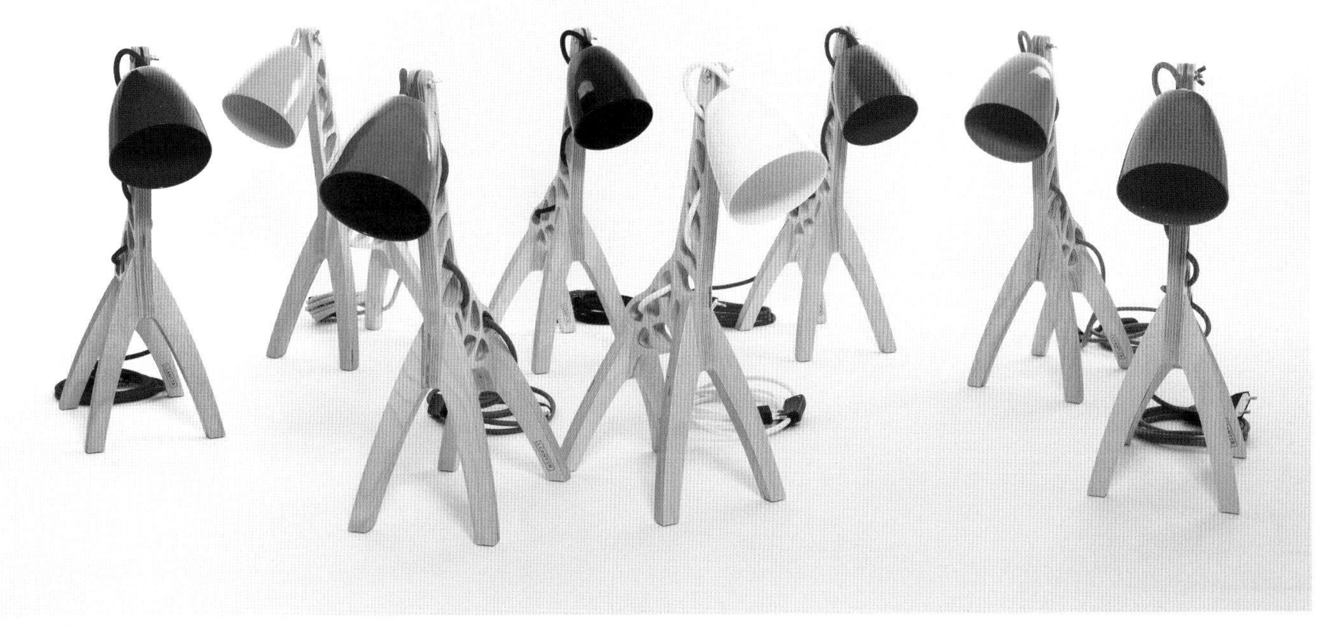

**设计公司：** Leanter
**设计师：** Markus Oder

## ENDLESS 灯

这种日式的有机涡流式蜂窝结构照明灯是用激光切割胶合板做成的。它创造了许多美丽的剪影，营造出浪漫、亲密的气氛，也彰显了极简主义和自然美学。

**设计师：** Mariam Ayvazyan

## Sun Green 枝形吊灯

经过一年对材料和形状的实验，这款由 made in love 设计工作室制造的 Sun Green 吊灯极为独特。它完全由 Mariam Ayvazyan 设计和手工制作。

这盏枝形吊灯由 88 个手工制作的混凝土蛋和中间一排灯泡组成。在每个蛋里面，都细心放置有 LED 灯。四个蛋一组，每组由黄铜钢丝环连接。与天花板相连的折纸形木基座，承载着三座“火山口”，当灯光亮起时，会给人以火山喷发的感觉。

**设计师：** Mariam Ayvazyan
**摄影：** Mariam Ayvazyan

# Shade 灯具

Masquespacio 为西班牙照明品牌 RACO 设计出品了 Shade——一款由不同材料组成的灯。

在 RACO 品牌重新调整战略之后，Masquespacio 设计的 Shade，通过地中海之光投射出生命的影子，来寻找灵感。Shade 采用照明行业中不常见的材料，结合了皮革、大理石和黄铜，形成鲜明的对比，同时展示了后现代主义的特点。最后，要强调的是，所有的材料都是天然的，来自 RACO 系列的手工产品将成为生活中的一部分。

**设计公司：**Masquespacio
**摄影：**Luis Beltran

# Luma 手机夜灯

这个小小的灯罩可以把任何智能手机变成一款有趣而时尚的夜灯。只要把它固定在你的手机上，启动你的手电筒应用，它就会亮了。

**设计公司：**Peleg Design

# 云

在布鲁塞尔九月设计节上，Greta Halfin 和 Kunty Moureau 邀请 Quentin de Coster 设计了一套以限量版奢侈品为主题的灯具。

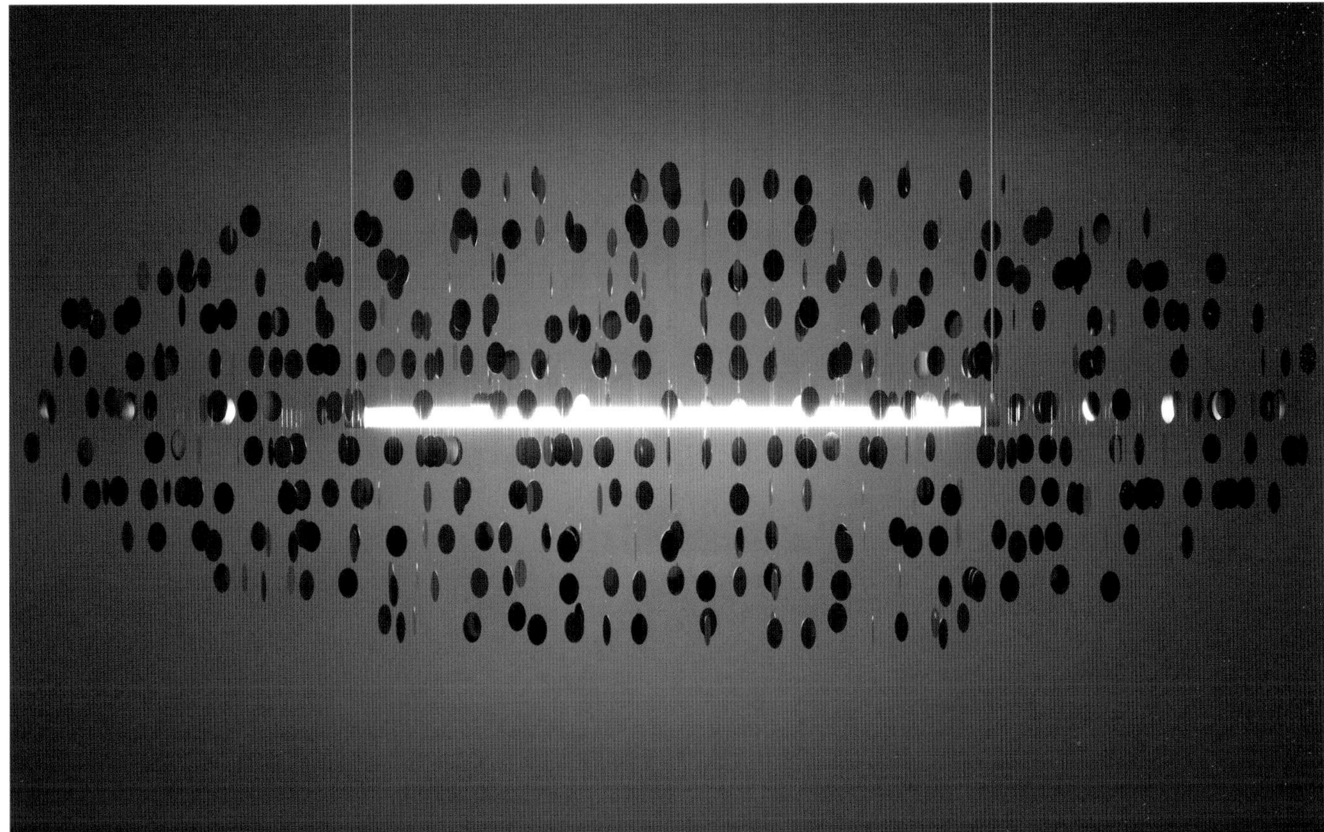

**设计师：**Quentin de Coster
**摄影：**Stéphanie Derouaux

# 折叠灯

在该案例中，吸人眼球的是两个平面交叉形成一个交叉网，因为它会散发持续的、有微妙变化的光线，容易让人产生视觉错觉。

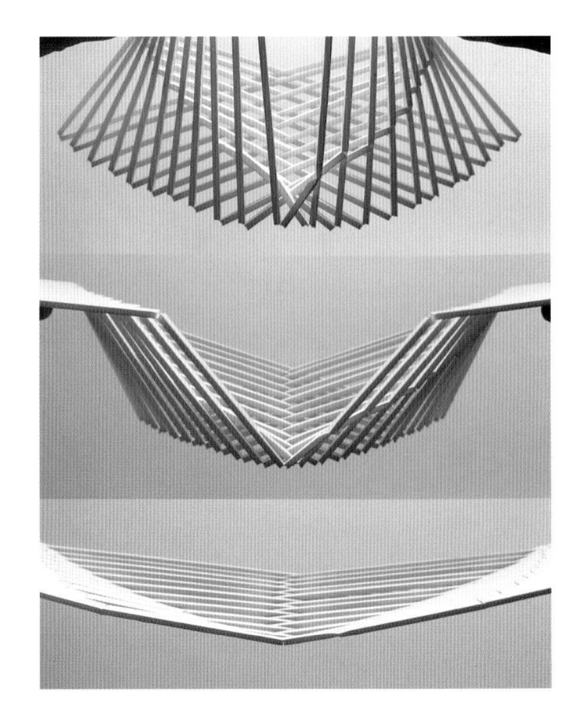

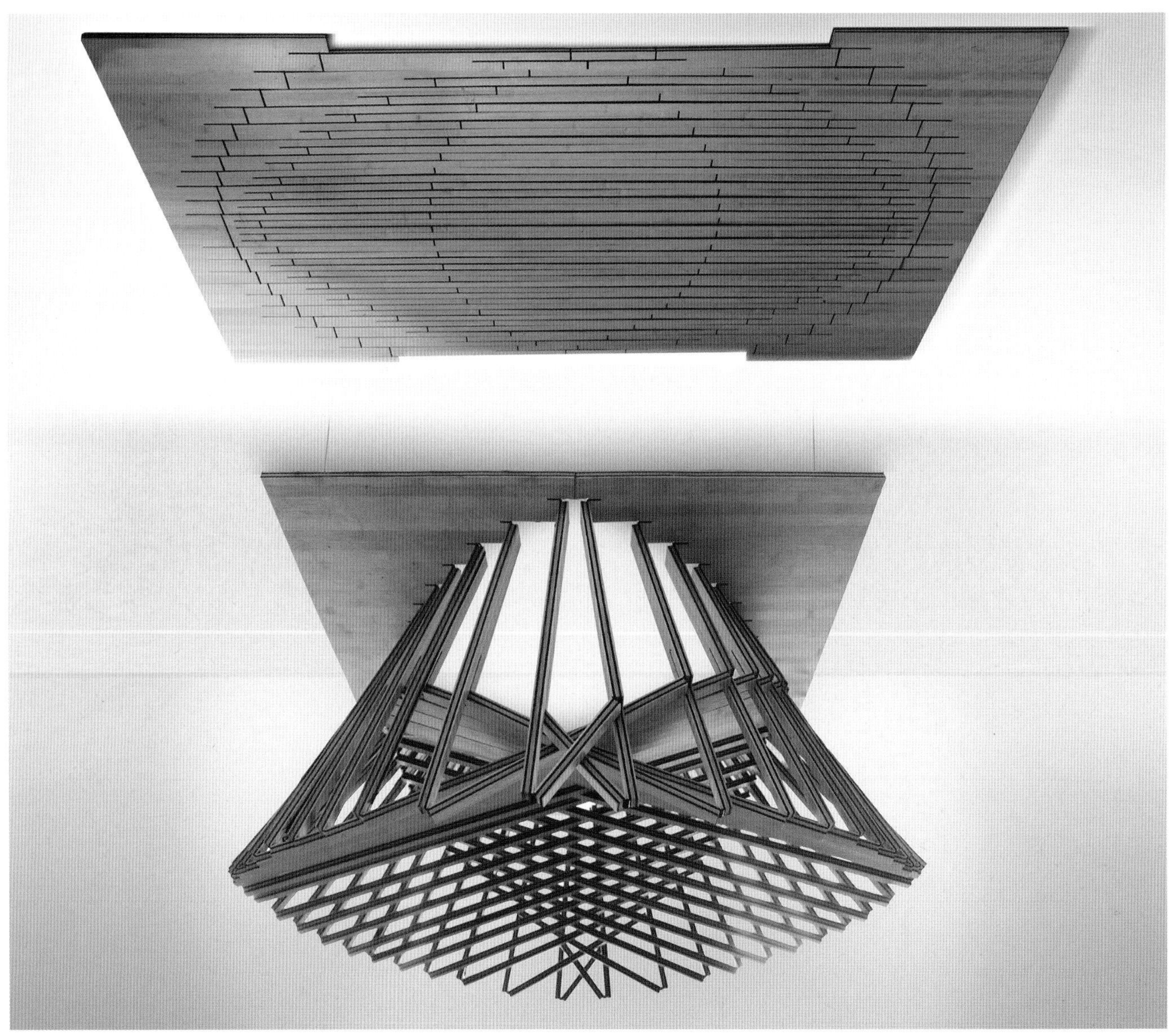

**设计师：**Robert van Embricqs

# Niki 台灯

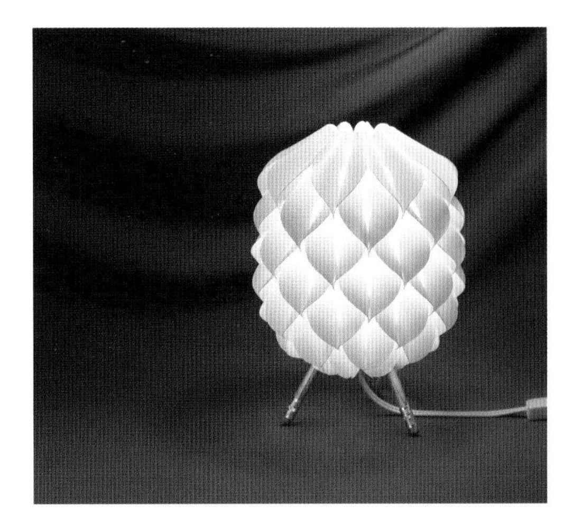

生活于加利福尼亚的荷兰籍设计师 Sander Bakker 用最新的灯具设计来为生活增添光彩。

设计可以用来表达难以用言语表达的东西。在他的儿子 Nikolaas 去世后，设计师 Sander Bakker 就这样做了，他把他的爱转移到了 Niki 台灯上。

“这个项目让我可以想起我和 Nikolaas 在一起时的美好时光，同时创造出他可能喜欢的东西。”

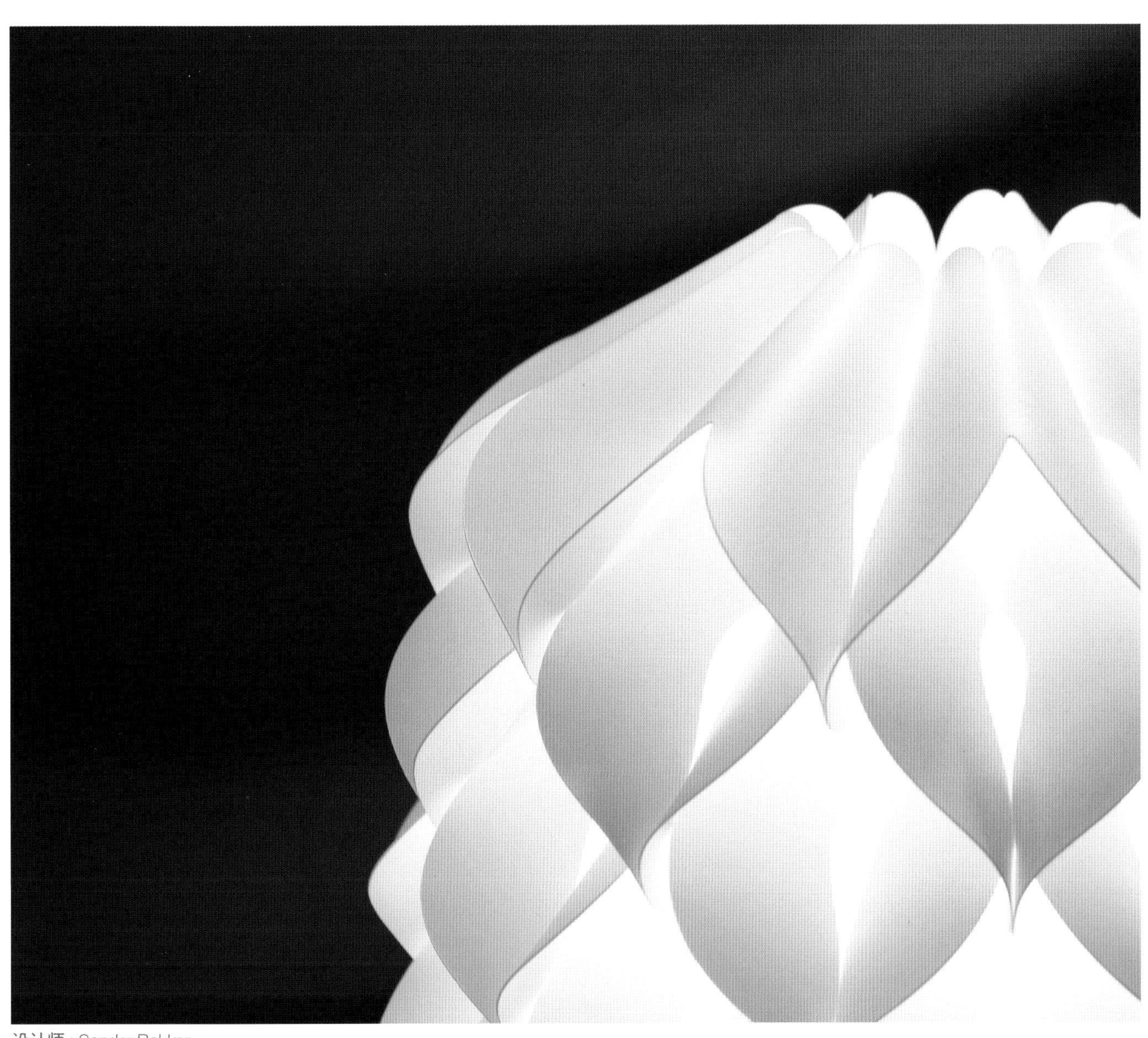

**设计师：**Sander Bakker

# Drop 吊灯

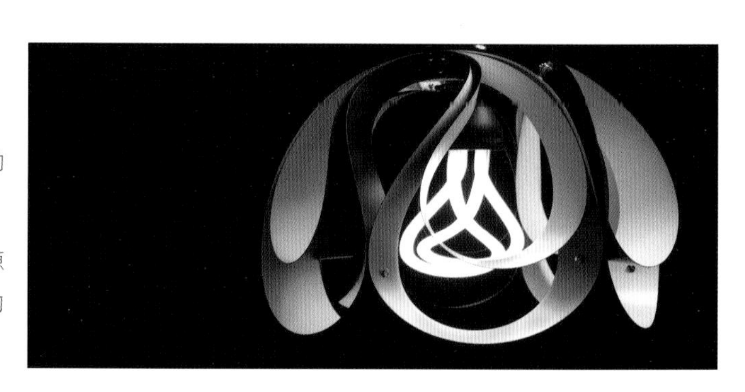

Drop 吊灯的特点是用双曲面的造型，框以用来照明的灯泡。这款产品的设计与 Plumen 001 灯泡一致，用三套双循环装置围绕着中心轴。

Drop 吊灯是在 2015 年洛杉矶设计节上亮相的。Drop 吊灯的设计灵感源于水母这种独特的动物，是由金属化丙烯酸的激光切片和相应的五金件构成的。

**设计师：**Stuart Fingerhut
**摄影：**Ben Gibbs Photography

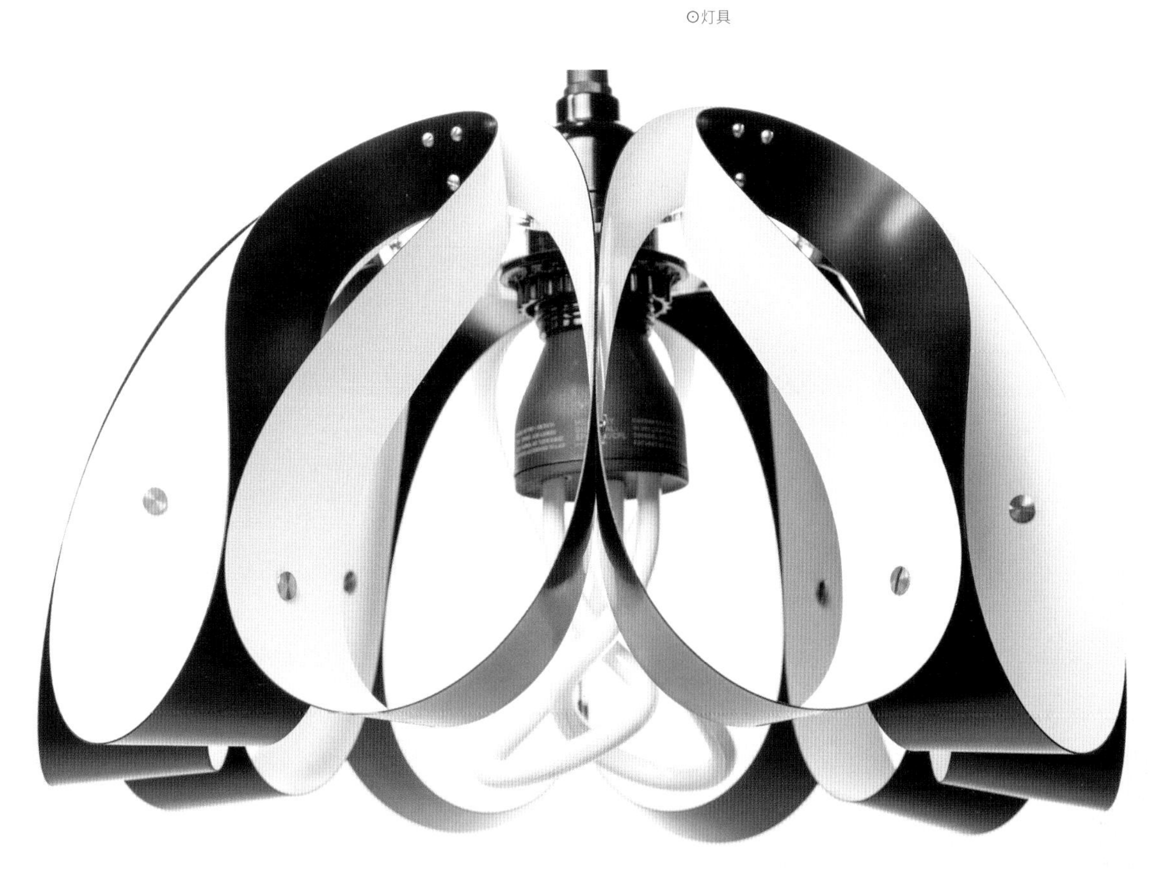

# Nebula 框架灯

Nebula 框架灯的设计灵感源于设计师对天体空间和星际探索的热情。从 Frank Herbert 和 Isaac Asimov 的书籍到 2001 年的电影《星际穿越》，地球以外的东西一直是其灵感来源。

Nebula 的形态与结构反映的不是现在的时代或主流的美学，是一种对未来的设想，超越我们的星球，加深我们对宇宙和自己的了解。这会让我们看到未来的景象，超越我们的想象力，以及超越我们能感知和控制的维度的现实层面。

Nebula 是设计师在一段为期三个月的学习期间设计出来的，表达了物质形态的流动性和活力。在经过数百项研究后，最终确定了这件作品。设计师希望 Nebula 能让观赏者永远保持乐观，对现在和未来进行积极地探索和学习。

Nebula 是由激光切割的金属丙烯酸树脂制成的，有相应的黄铜五金件。它的尺寸为 13 cm x 22 cm x 22 cm。

**设计师：** Stuart Fingerhut
**摄影：** Paul Vu

# 牛玲灯

“牛铃灯”是由 Silvia Ceñal 为西班牙照明公司 Plussmi 设计的，是乡村风格和简洁设计的结合。

**设计公司：** Silvia Ceñal Design Studio

# LEVA

设计师以快乐和满足的心态，创造和设计出工艺精美的 LEVA 灯，通过对设计方法与产品工艺的不断探索，创造出高质量的产品。

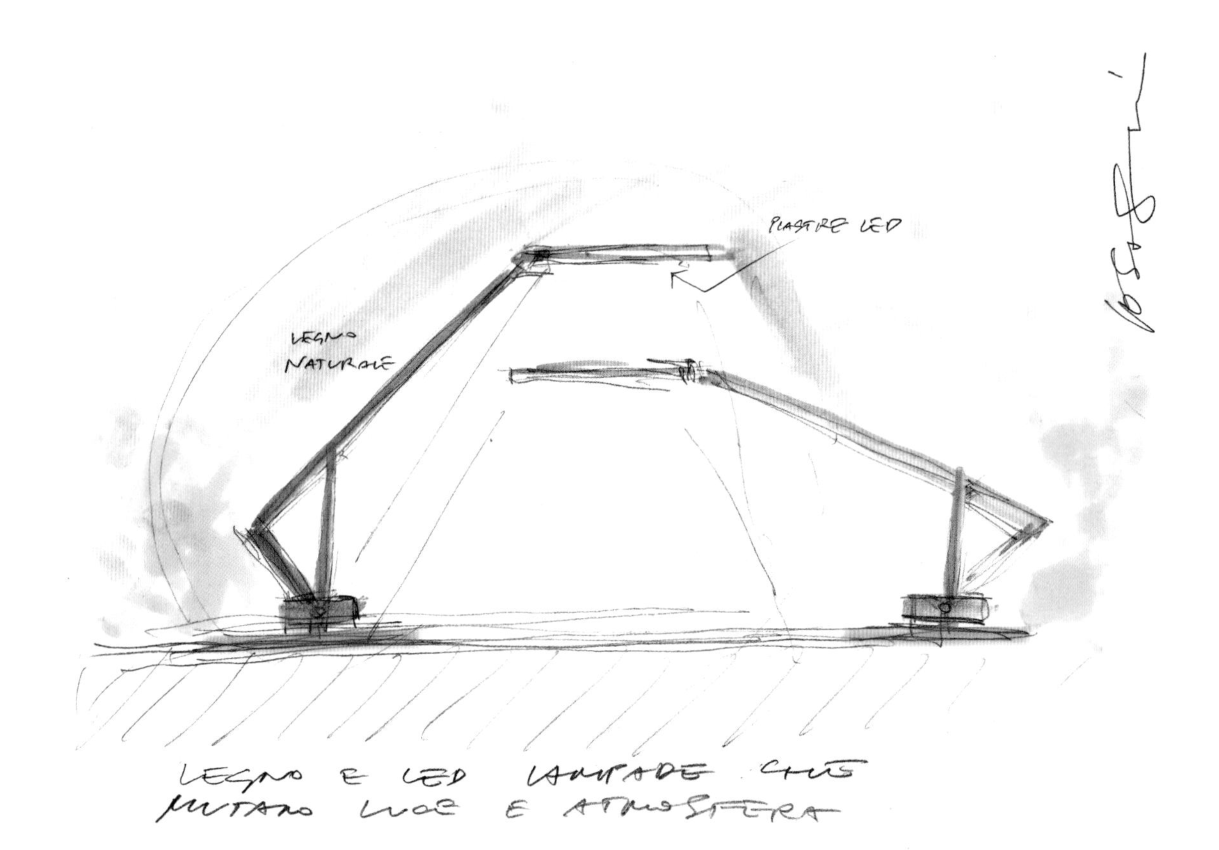

**设计师：**Massimo Iosa Ghini
**制造商：**Leucos

# Bulging 2D 和 3D 灯系列

Meet ZIGGi、DESKi 和 CLASSi！是原始照明系列的三个新成员。这个系列的设计师 Nir Chehanowski 决定重新设计，增大了视觉错觉灯尺寸的同时也提高了亮度，用 3D 图形作为他的 2D 设计的基础，改变你对空间和形态的认知。

新灯的设计灵感来自古典和复古风格的台灯，但又有着现代的特征。除了增加这个系列的规模之外，设计师还不断地改变灯罩的形状，同时保持其标志性的视觉错觉和 3D 魔法作为设计的重点。

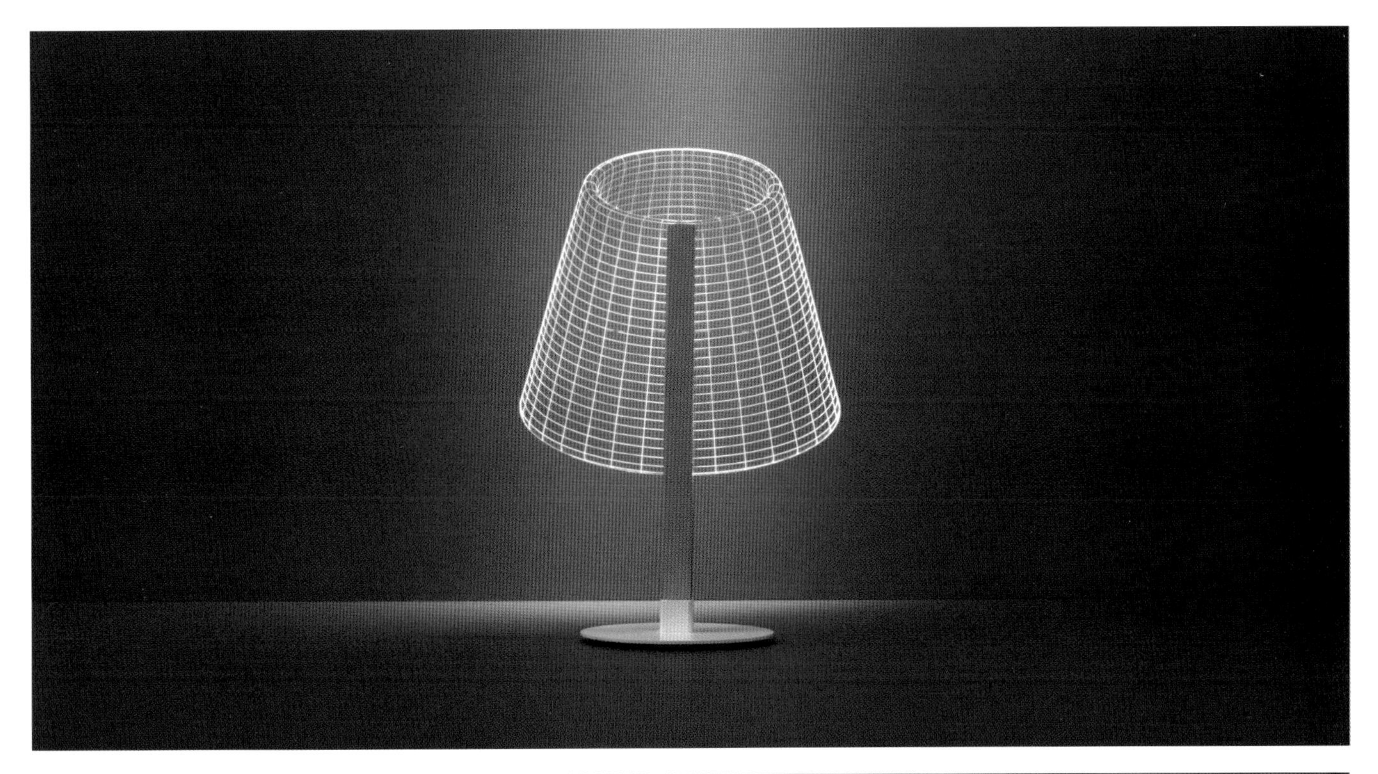

**设计公司：**Studio Cheha

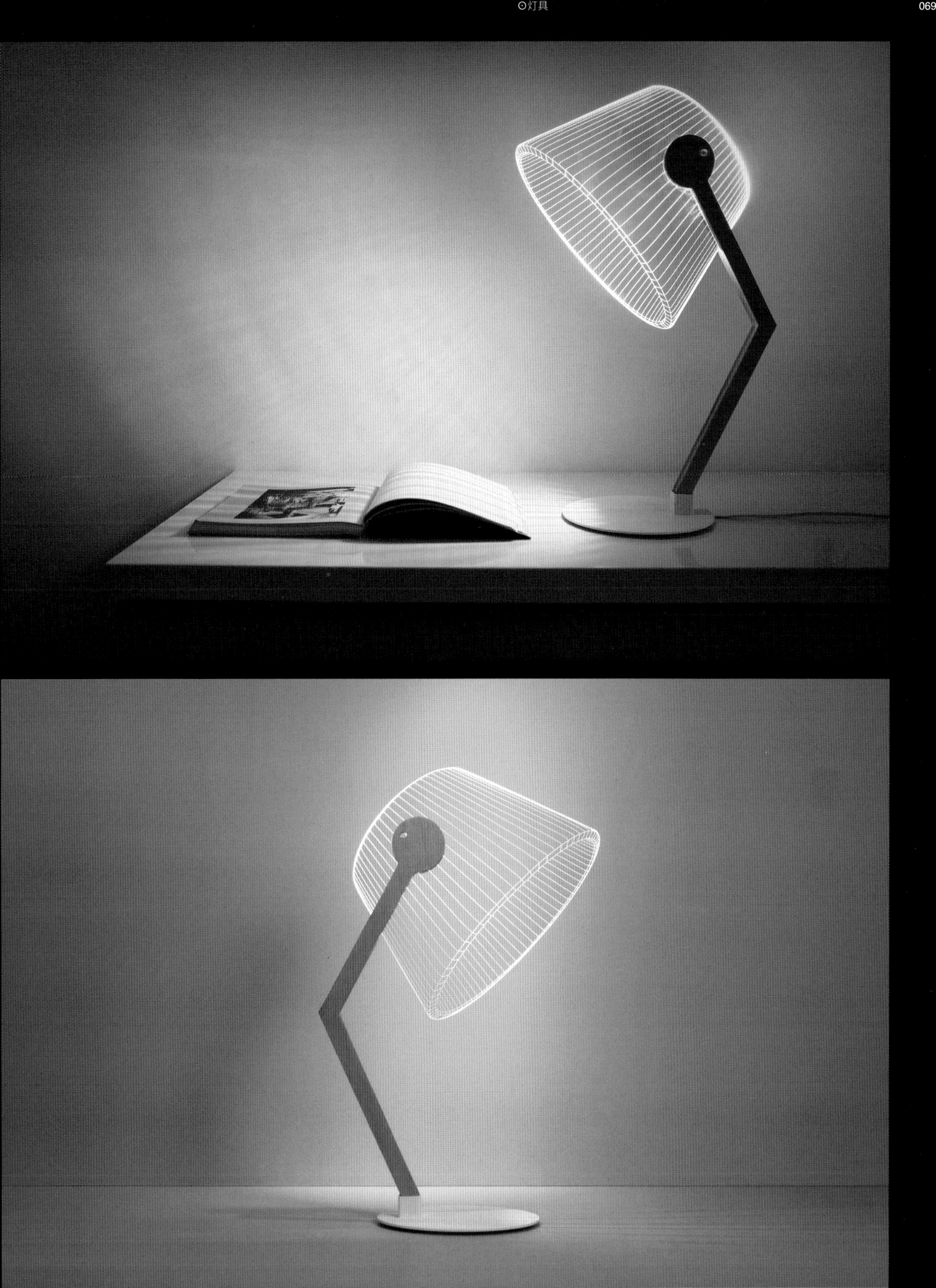

TOWER/CABINET ? / BENCH

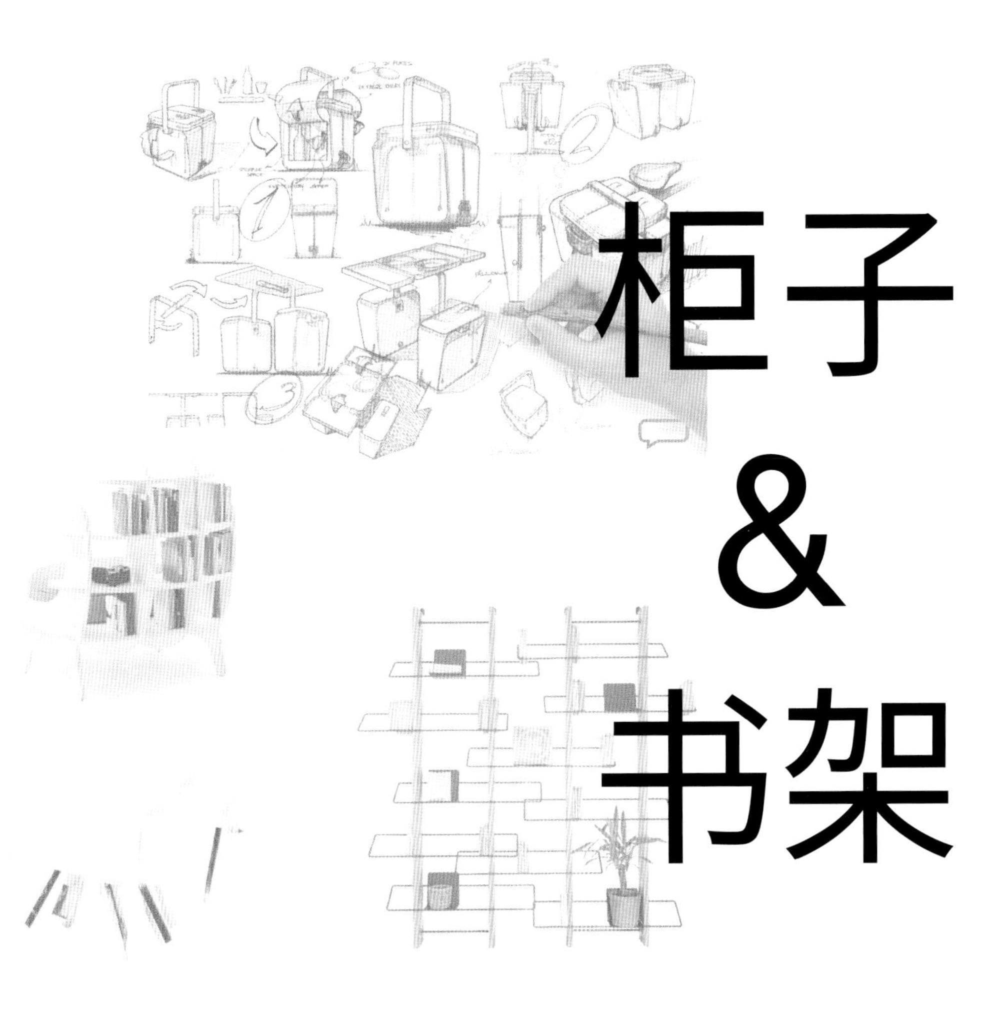

# 柜子 & 书架

# Grapevine 书架

Grapevine 是一个由实木和金属做成的墙壁书架。这些金属轮廓的架子，是这个轻便和适应性强的书架的主要特点。由于背面设计有凹槽，架子可以水平或垂直地移动，也可以与木头或金属板结合在一起用来放书。Grapevine 部件可以组装串联，形成一面独特的书架墙。

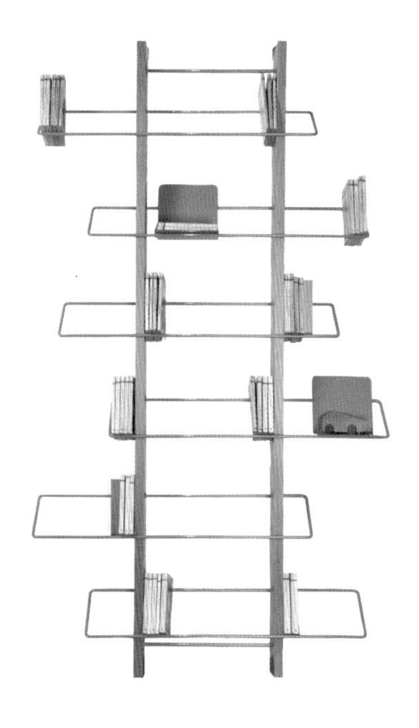

**设计公司：**4P1B Design Studio
**材质：**实木、涂漆金属

**设计师：**Antonio de Marco
**客户：**Edizione Limitata

# Mizu 家具

Mizu 是一款可变形的家具，它为用户提供了一个共同创造的机会，并赋予其独特的触感。Mizu 在日语中的意思是水，也反映出了其与情感、适应性、神秘性和吸引力相关的特征。

**设计师：**Alicja Prussakowska
**摄影：**Bartłomiej Senkowski

# Springtime

一个旅行篮，桌子、椅子，一个自行车运输工具——Springtime 将三个产品组合在一起。这个造型优美的旅行篮变成了定做的运输工具，它可以从两个侧面滑出，很容易固定在自行车架上，运输到目的地后，可以将 Springtime 的基本组件分开，折叠成一个两人用的小餐桌，并且有舒适的靠垫，只需简单几步就能完成。打开两边，就会发现可使用的杯子、盘子和餐具。

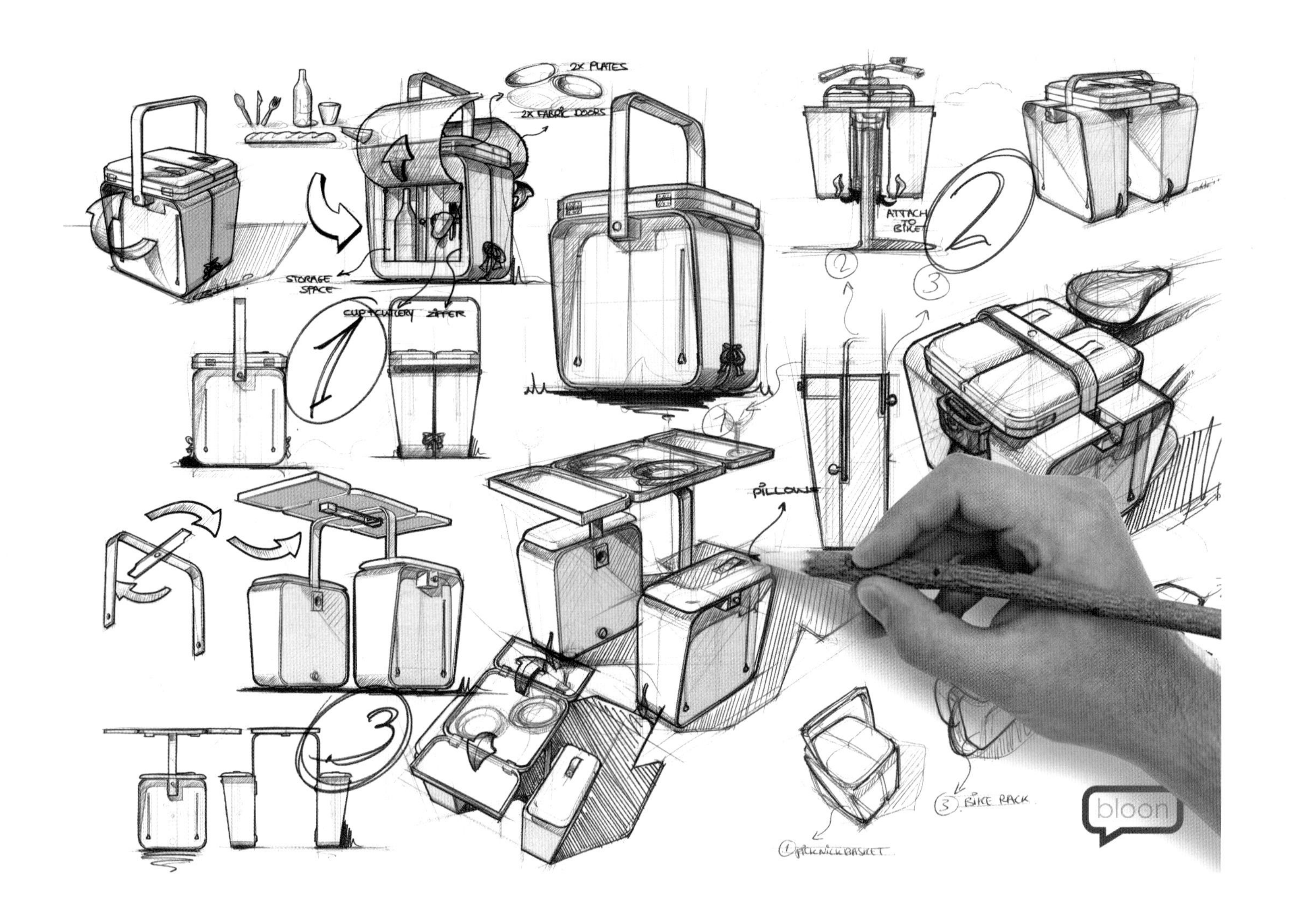


设计公司 : Bloondesign
设计师 : Jeriël Bobbe

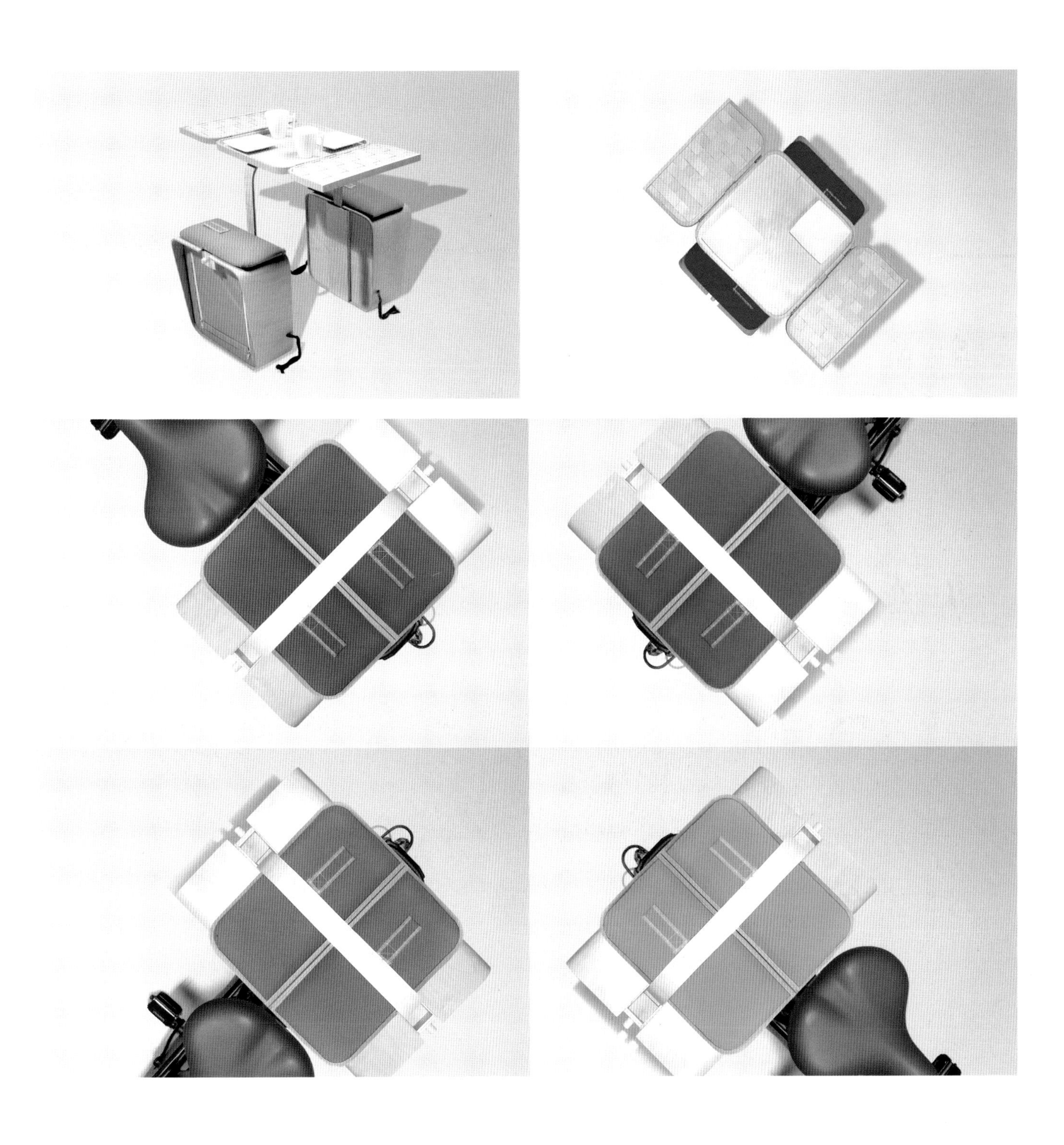

# Amber 边桌

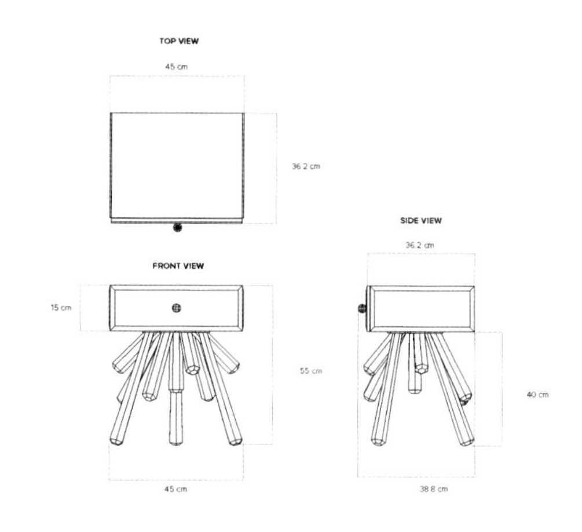


### 材料

桌面和抽屉由漆木制成。抽屉把手和桌脚采用抛光黄铜制作。

### 清洁和护理

用柔软的干布小心擦拭。木材应避免潮湿、高温或阳光直射。金属部分可以用湿布擦拭，禁止使用蜡、油等。

### 定制

这个产品可以满足任何规模的个人项目的特殊需求。

**设计公司：**Bitangra

# Metamorphosis 餐具柜

这是 Boca do Lobo 最具标志性的作品之一，金刚石经历了一个变形的过程，进入了一个新的审美领域。变形作为一种进化过程，通常与昆虫联系在一起，与卡夫卡作品的哲学内涵相结合，金刚石变形的餐具柜质疑了美的意义，并试图引起使用者的共鸣。

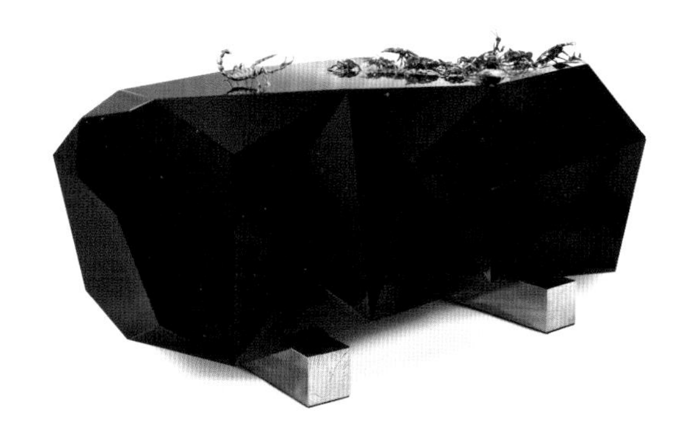

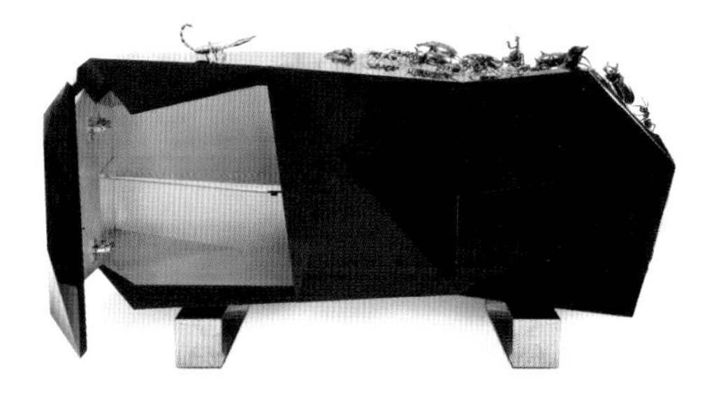

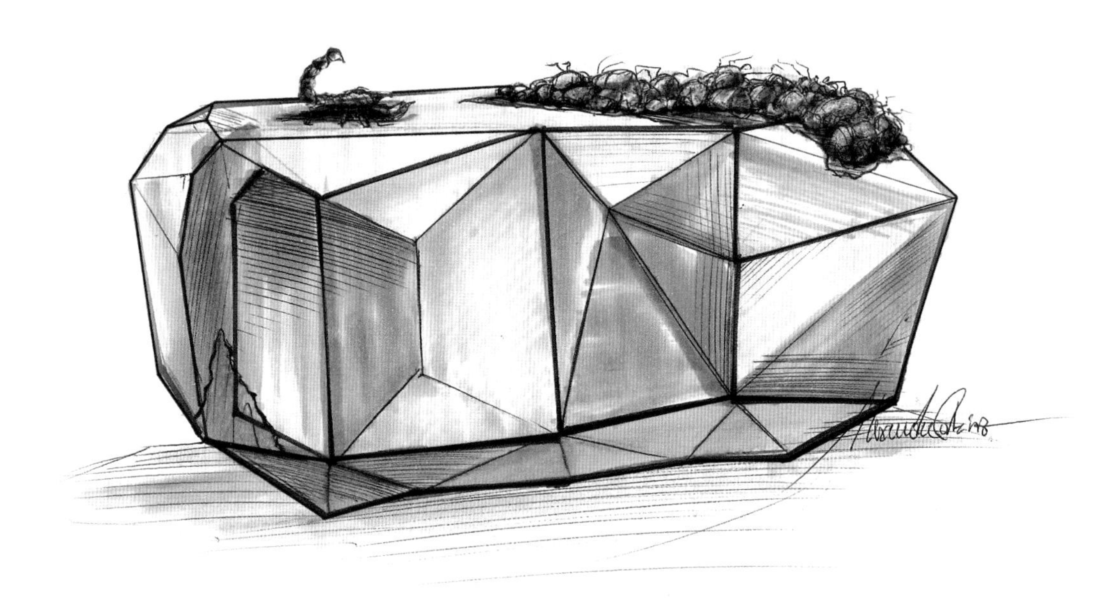

**设计公司：**Boca do Lobo
**工艺：**木雕、锤打、铸造、金属加工、光油、抛光

# Pixel 橱柜

Pixel 是设计和工艺的结合，作品里的 1 088 个三角形，承载着制作人的奉献精神和艺术造诣——前所未有的多种多样的颜色的运用。抛光的黄铜底座赋予了 Pixel 独特的个性，牢固且精美。

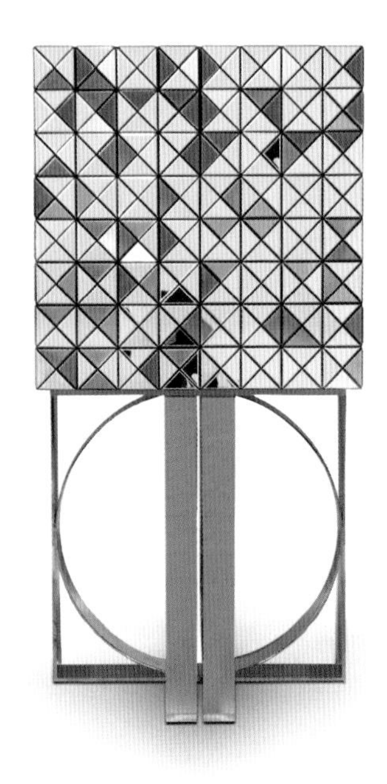

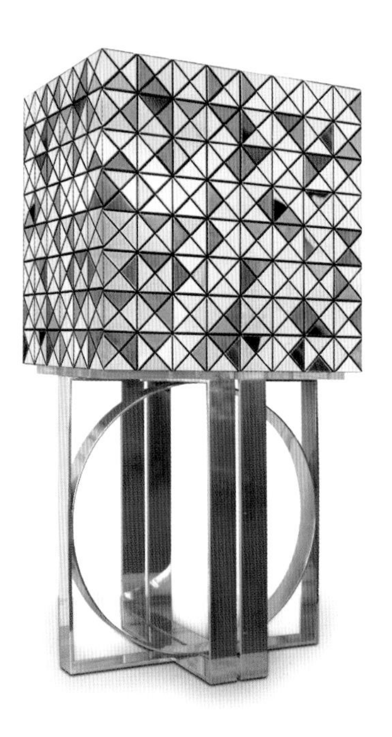

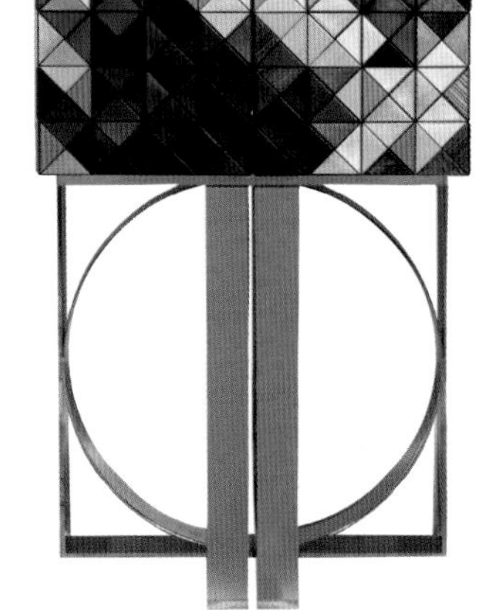

**设计公司：**Boca do Lobo
**工艺：**木工、装饰、珠宝、镀银、光油、银箔和金箔

# 堆叠

Stacked 是一种连接系统，在这个系统里，液体的混凝土在凝固过程中相互连接。它将混凝土模型堆叠在一起，创造了一种自由的建筑方式。这种技术可以用来建造结实的家具，同时空间利用率也很高。下图一是一个抽象的书架，用混凝土将不同的铝板连接起来。

**设计师：**Bram Vanderbeke

# Reinforcements 系列

这一系列结构的设计灵感来自钢筋混凝土。它可以被看作是用来创建更大空间的抽象的建筑元素。元素内部的具体重量是作为减震器来平衡视觉的轻钢结构。The Block、 The Beam 和 The Column 是比较抽象的家具，可用来收纳、倚坐或作为支撑基座。

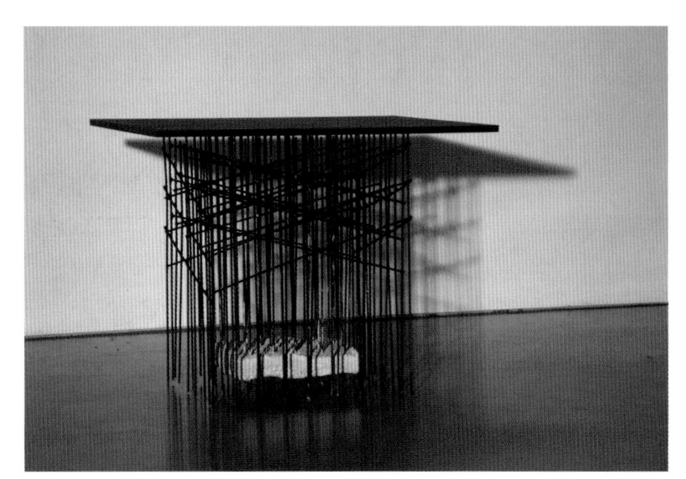

**设计师：**Bram Vanderbeke

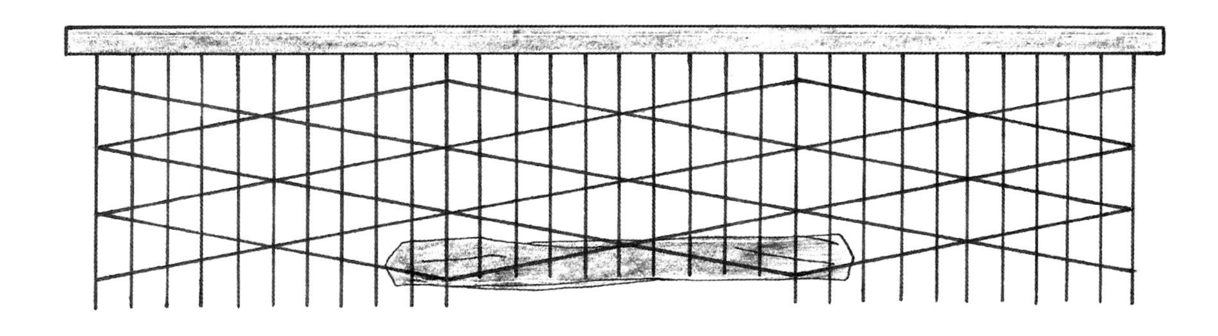

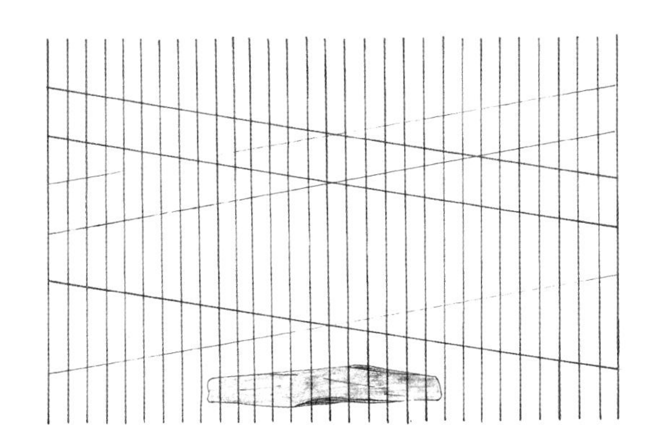

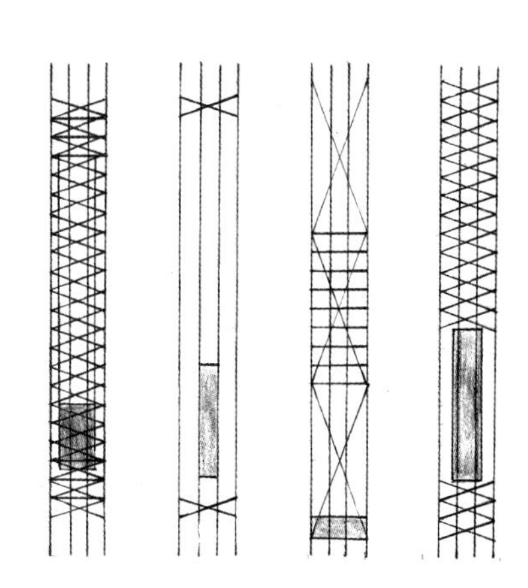

TOWER/CABINET?
BENCH

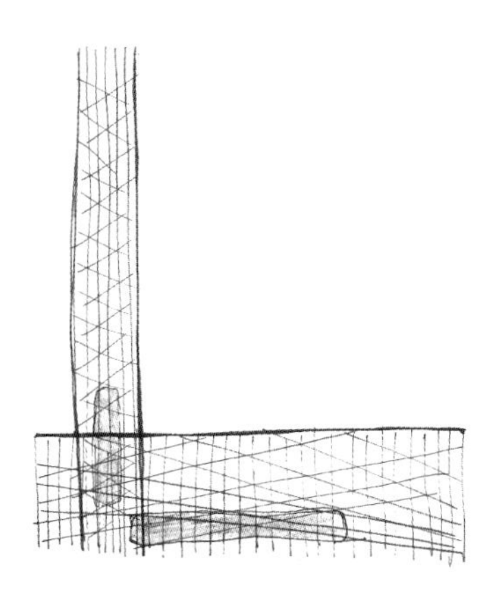

# Shelf 椅子

Shelf 既是一把椅子，也是一个书柜。闲坐其上，阅读一本心爱的图书，舒适又惬意。

**设计公司：**Campeggi Srl
**设计师：**YOY Naoki Ono、Yuuki Yamamoto

**摄影：**Ezio Prandini

# MEETEE 的 Molly 架子系列

Molly 架子系列的表现形式与众不同，直角木质接头和织物表面形成鲜明的对比。这个架子有许多不同的使用方法，并且其大小足够用来作为一个房间的隔断。当门打开时，架子的腿就被遮挡住了，使架子看上去像漂浮在地板上一样。

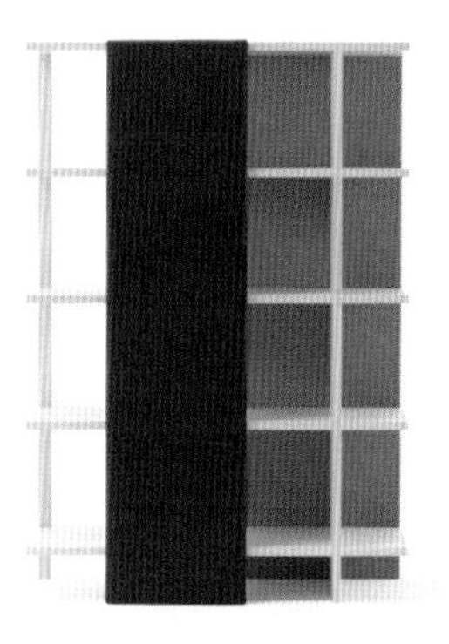

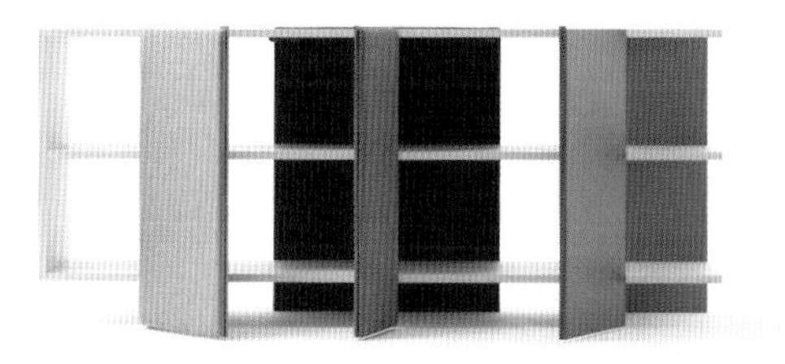

**设计师：**Jin Kuramoto
**摄影：**Takumi Ota

# MEETEE 的 Liz 边桌系列

Liz 是一个边桌系列，由厚度只有 6 mm 的木质胶合板组成。Liz 边桌结构和功能的多样性，使其最终呈现出的形态与用途多样化，可根据使用者的实际情况，更便捷、舒适地进行使用。

**设计师：**Jin Kuramoto
**摄影：**Masaki Oshima

# 小木屋柜子

每个人在观察模型的时候都仿佛是在做梦，或者是由于规模小，或者是细节的综合，或者因为你觉得自己像个“巨人”，就像在玩具面前的小孩一样。在设计 Palafitt 这个柜子时，设计师想象中水的流动性自然而然地体现于其上，但同时具有强大的雕塑性和优雅的内涵。

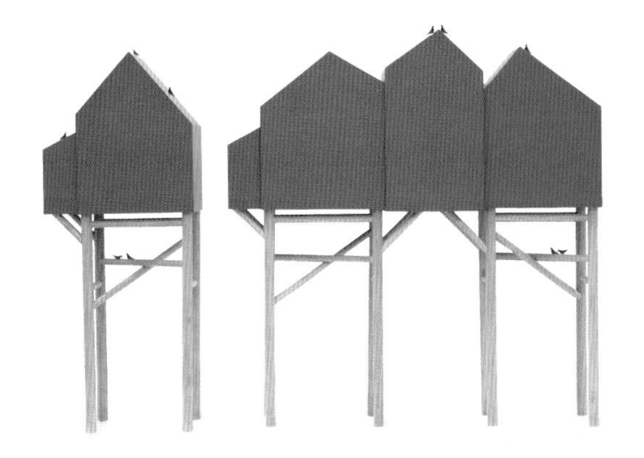

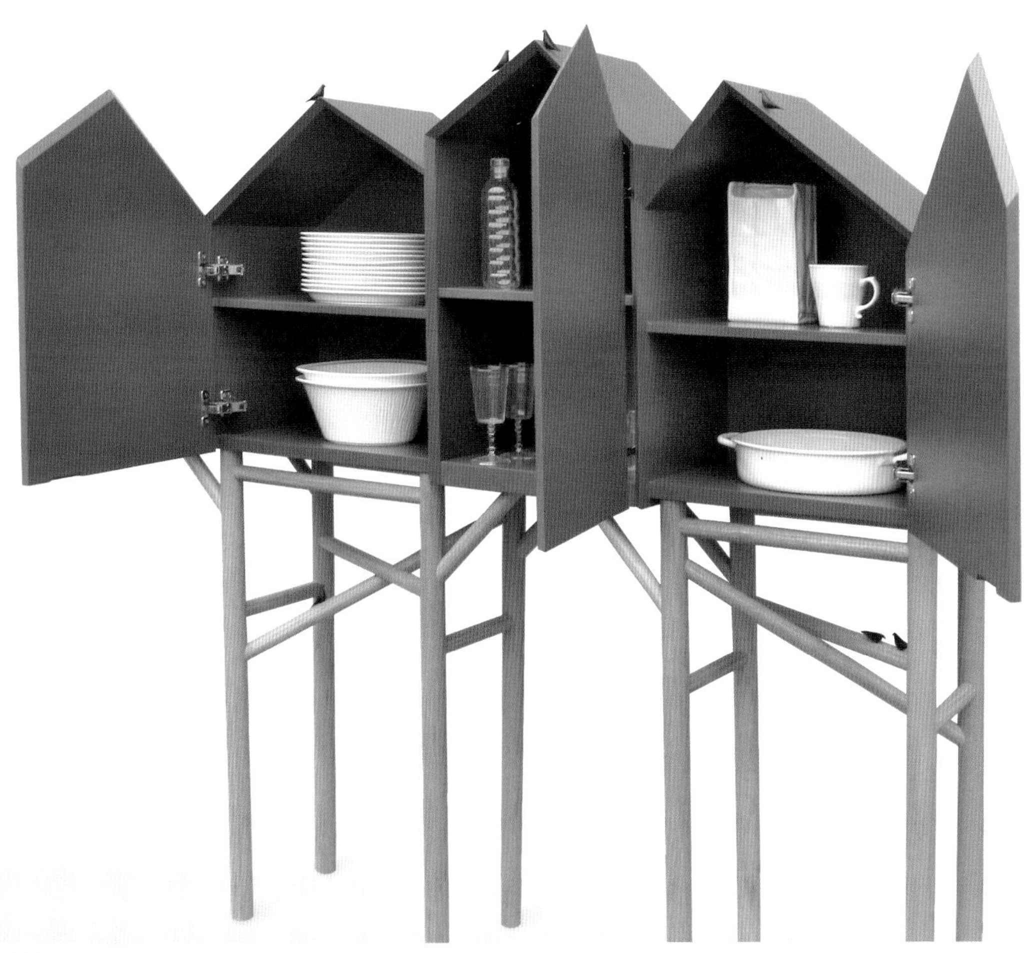

**设计公司：**Seletti
**设计师：**Marcantonio Raimondi Malerba

TOP VIEW
46 cm
46 cm
SIDE VIEW
FRONT VIEW
SIDE VIEW
96 cm
75 cm
35 cm
40 cm
46 cm
46 cm
46 cm
BACK VIEW
46 cm
46 cm

# 桌子
# &
# 椅子
# &
# 沙发

# Icenine 凳子

Icenine 是一把由木头和黄铜制成的凳子，设计灵感源于水凝固后的形状。充满水的几何体，结冰凝固，体积增加，盒子膨胀，形成独一无二的形状。凳子有三根实心木腿，坚硬的金属和柔和的表面形成鲜明的对比。

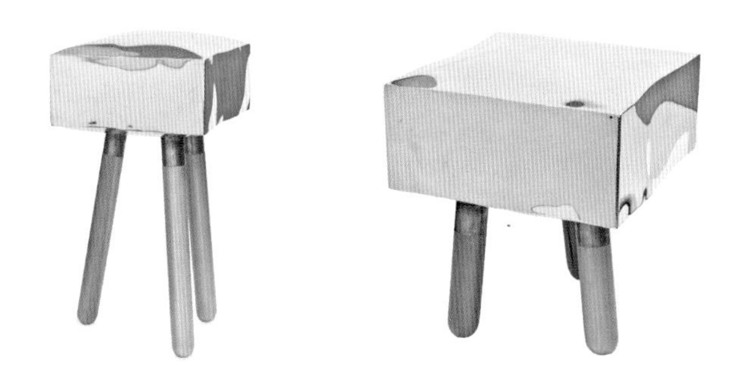

**设计公司：** 4P1B Design Studio
**材质：** 黄铜、实木

**设计师：** Antonio de Marco
**客户：** Edizione Limitata

# Rhapsody 咖啡桌系列

Rhapsody 咖啡桌系列是三个由金属和陶瓦结构组成的桌子。轻便的金属几何框架和陶瓦的圆形厚桌面组合，产生了这三张不同形状的桌子。桌面和框架结构之间的轻微错位产生了不同寻常的重叠，使得 Rhapsody 灵动轻便。

**设计公司：** 4P1B Design Studio
**材质：** 涂漆金属、混凝土

**设计师：** Antonio de Marco
**客户：** Edizione Limitata

# Atena 椅子和扶手椅

基于黄金比例的线条设计，给极具现代气息的椅子和扶手椅增添了典雅的气息，算是设计师挑战观众期望的另一种方式。Atena 座椅融合了传统的橱柜制作技术和最先进的工艺，配以弧形木质的椅腿和扶手，皮革内饰则采用具有阴影效果和 3D 纹理的激光品牌。蓝色与红色相结合作为最后的点缀，丰富了实木的纹理，为设计增添了活力。

**设计师：**Alessandro Zambelli

## Araes 餐桌

“Araes”是由 Alessandro Zambelli 设计，并由 Adele-C 制造的一款基础餐桌，配有可折叠的金属底座，青铜色的底座由手工刷制而成，弯曲的金属板支撑起胡桃木桌面，并连接了两个 45° 倾斜的桌子腿。Araes 餐桌仅限室内使用。

设计师：Alessandro Zambelli

## Concavo Convesso 大理石系列（CHASE 桌子）

Concavo Convesso 系列包含桌子、咖啡桌、花瓶、凳子和书架，完全由大理石制成。这些产品体现了 Massimo Iosa Ghini丰富的经验和熟练的技艺，以及米高梅子公司 Guarda Marbles & Stones Srl 精湛的定制工艺。

每个产品都极具个性，通过大胆的造型和精细的颜色标识获得独特性。每件作品的呈现都要归功于 MGM，其先进的制作方法甚至可以使最复杂的形式变得简单。“Concavo Convesso 系列”因 Massimo Iosa Ghini 的知名度备受关注，并以其优雅的格调和和谐的搭配再次获得成功。

设计师：Massimo Iosa Ghini
制造商：Guarda Marbles & Stones Srl

# Lunapark 咖啡桌

Lunapark 是 Alessandro Zambelli 的新项目，这个限量版的咖啡桌是为罗马的 Secondome 画廊设计的。

Lunapark 咖啡桌采用了珍贵的 Murano 玻璃，设计师使用特殊的技术让玻璃板融化并成型，最终产生意想不到的效果。

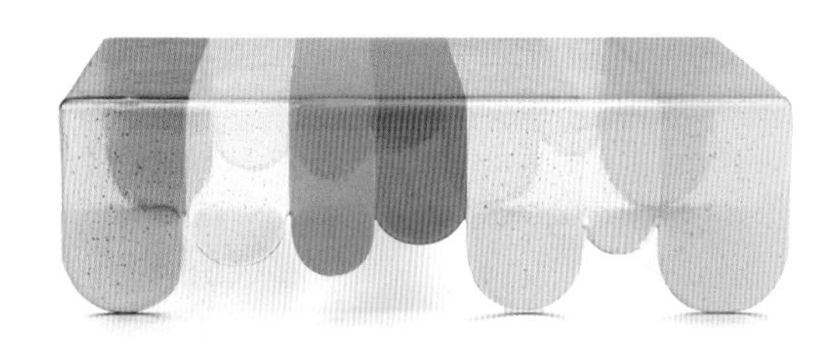

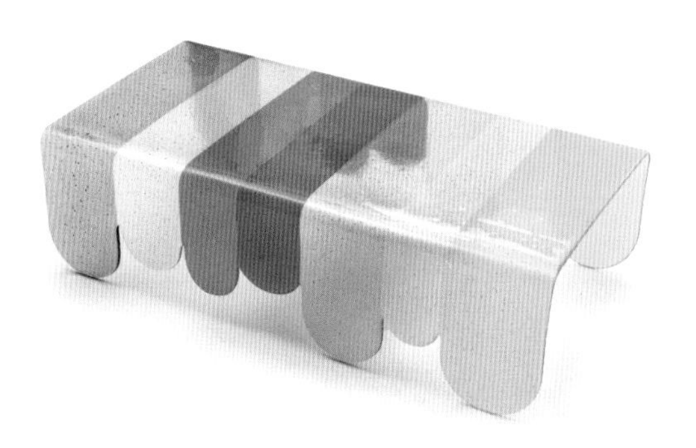

**设计师：**Alessandro Zambelli

## Ori 咖啡桌

Ori 项目受到折纸技术的启发。一次对纸信封的摆弄——打开、拆开再组合成新的形状，产生了制造 Ori 的想法。整个桌子是由一张 2 mm 厚的铝箔纸通过激光折叠而形成。产生的褶皱突出了其三维形状，光线照射在倾斜程度不同的表面上，分布不均的折射光线从最初的金属灰和磨砂铜开始，产生对光和黑暗的反射。

**设计师：** Alessandro Zambelli

# Kanban 边桌

由意大利设计师 Andrea Ponti 设计和在中国香港生产的 Kanban 边桌，扩大了形式和审美的范围。这个项目旨在将香港文化融入产品设计之中，表达了东西方文化融合的国际化大都市的精神。桌子的概念是重新设计底部和顶部等主要部件，以及对材料、形状、颜色和摆放的创新使用。钢铁和混凝土的使用反映了香港历史悠久的工业建筑风格，以前的多层工厂被改造成办公室和仓库。边桌形状的灵感来自九龙繁忙街道上的霓虹招牌，霓虹招牌悬挂在一根细长的钢条上并且向街道延伸。碳钢的黑色和混凝土的灰色之间产生了一种明暗对比，简洁典雅。水平桌面垂直于圆柱体底座上方，产生了意想不到的体积上的变化和密度与空气之间的细微差别。

**设计师：** Andrea Ponti

# Clamp 椅子

Clamp 椅子的设计灵感来自舒适而又轻巧的木制家具，强调了木头和现代工艺之美。所有部件之间的无缝拼接是其特色。装有软垫的座椅和靠背是由一种非常纤细的木框架组成，这种木框架可以使用梣木、橡木或胡桃木。这把椅子的制作是传统手工工艺和精密数控机床的结合。每一把椅子都是手工组装的，精心挑选的木材用 100% 天然的蜂蜡油抛光。

**设计师：** Andreas Kowalewski

## FALDA 桌子

FALDA 桌子由细长的线框金属结构组成。轻巧的外观和流畅的线条赋予了它精美的特征以及动感和平衡的表现形式。这种结构毫不费力就能够支撑桌面。这张桌子的重量很轻，你可以很容易地移动它，可将其放在房间的任何地方。

**设计师：**Andreas Kowalewski

## 流线型椅子

Streamlined 系列包括台灯和椅子，每个产品都具有有机的风格元素和透明的结构。由于每件产品都是由可拆卸的单独物件组成，导致线条碎片化，即每个部分的线条都有不同的流动方向。椅子有透明和无烟煤色版本，无论哪个版本，线条图案都清晰可见。

**设计公司：**Studio Roex

# PIANI 桌子系列

PIANI 桌子系列设计轻便小巧，由两张高低不同的桌子交叉在一起。重叠的结构提供了更多的空间，来创意性摆放日常用品。桌子的每一个元素在整体结构中，在明度和空间的视觉感的平衡中，起着至关重要的作用。这种设计使上面的桌面能够向外延伸，同时下面的桌面能够放在两腿之间。下面的桌子和交叉杆共同承重，使整体结构完整而且稳固。桌面是用结实的美国胡桃木制成的，桌腿是用黑色的实心灰木条制成的。

**设计师：**Andreas Kowalewski

# Back Me Up 椅子

Back Me Up 实现了它设计的初衷——成为你日常生活中的好帮手。这把椅子的靠背让人感觉很舒适，并且可以轻柔的随着你的动作而动。座椅和靠背的高品质泡沫让人感觉特别舒适，并且与人体结构高度契合，没有一点缝隙。这把椅子最特别的是它的椅背。设计师把靠背提高了几厘米，这个简单的调整，使整个椅子线条感更强。木制的凳腿深受欢迎，也是整个设计的亮点。在装饰中使用相配的色调，加强了线条的相互作用。

**设计师：**Arian Brekveld

# Zoom－In 沙发

Zoom-In 沙发是设计师 Arian Brekveld 和制造商 Montis 思想碰撞而产生的作品。设计师和制造商在各自的领域都是专家，他们展示了自己的专业技能。设计师看到了各种可能性，并突破自己的界限，推进、引领、延伸。

设计师与制造商相互影响、相互挑战，给予对方足够的创作空间，共同创造出了精美的 Zoom-In 沙发。沙发的各项性能齐全，有舒适的靠背、坚实的装饰、平坦坚固的扶手，以及足以容纳一台笔记本电脑的宽度。

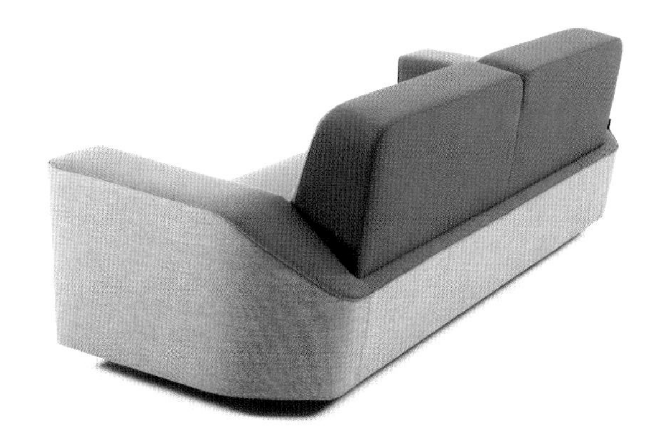

**设计师：** Arian Brekveld

# Amber 茶几

受到美丽的琥珀宝石的启发，这张现代手工制作的茶几是由铸铜和大理石制作而成。黄铜的桌腿是用古老的制造技术制造出来的，这使得最后的外观和触感更加逼真，接近于琥珀岩石。在金属桌腿上，你可以同时感受到细致和粗糙的纹理，这是非常精细的制作结果。由抛光大理石制成的桌面有一个切割的边缘，这使它产生了薄如纸片视觉错觉。

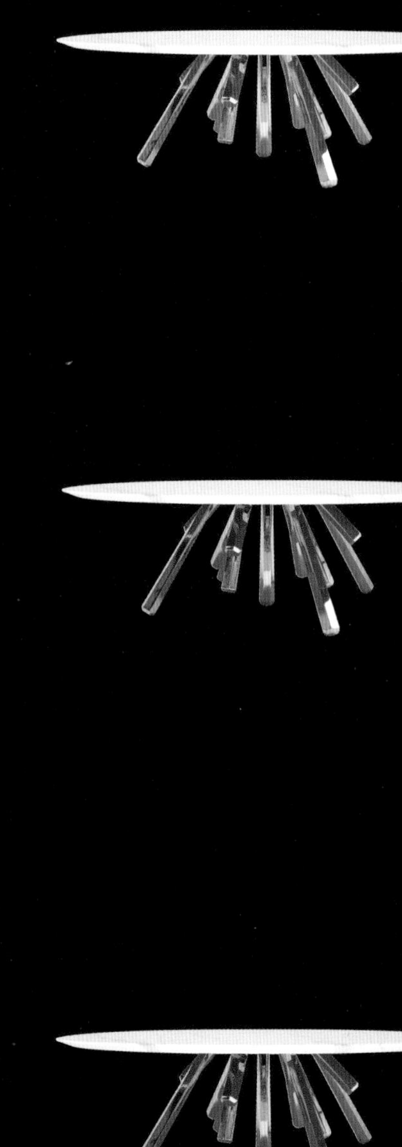

**设计公司：**Bitangra

# Hurricane 高脚椅

Hurricane 高脚椅是一首对豪华室内设计的颂歌。金色迷人的椅腿是由黄铜管焊接而成，舒适的座椅采用天鹅绒装饰。标准版本有三个脚踏，前面一个，侧面各有一个。

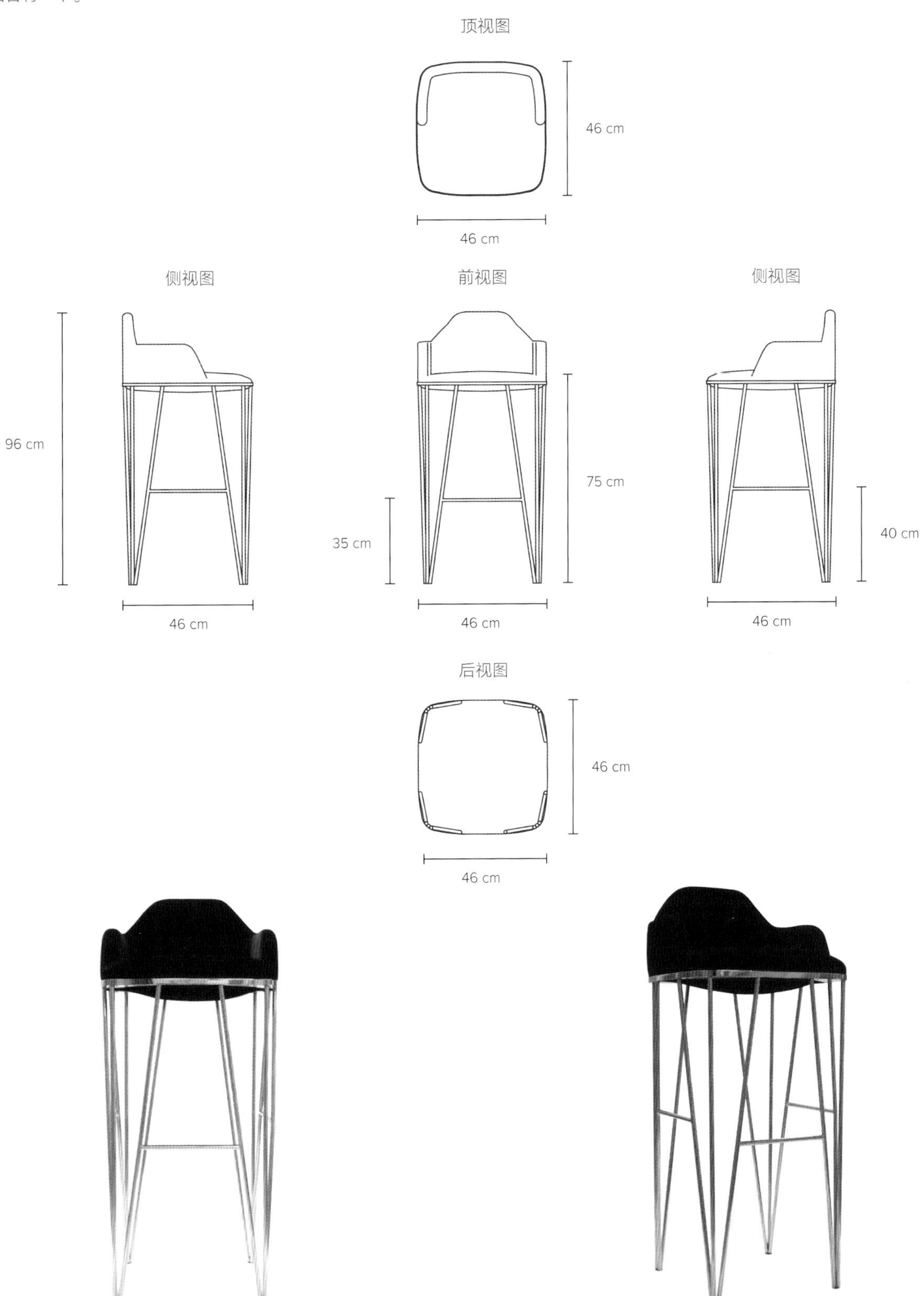


**设计公司：**Bitangra

## Hurricane 凳子

金色的凳腿是用抛光黄铜管做成的，舒适的座椅是用天鹅绒装饰的。为了有更好的触感，座椅的边缘也是用抛光的黄铜制作。

**设计公司：** Bitangra

# Nucleous 边桌

Nucleous 是一种现代的边桌，以有机形式 100% 手工制作，由漆玻璃纤维制成。这张桌子的灵感来自它们所应用的材料和形状之间的关系。这就像是在探索材料之间的故事，寻找对称、和谐和精美细节。这个边桌有各种各样的颜色可供选择，也可以根据尺寸、颜色和材质进行定制。

设计公司 : Bitangra

# Utah 餐桌

奢华和精致是这张可容纳 8 人的餐桌的特色，这张餐桌是用漆木抛光黄铜管制成的。这款现代餐桌有各种各样的颜色可供选择，也可以根据尺寸、颜色和材质进行定制。

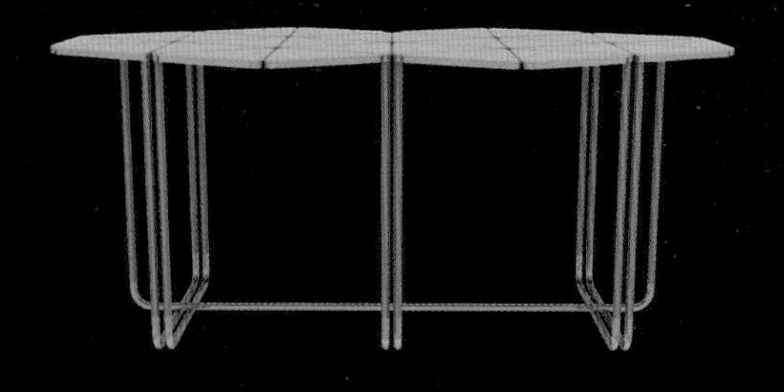

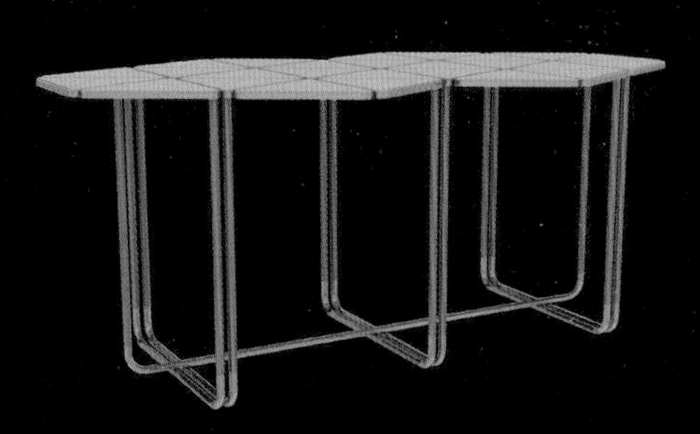

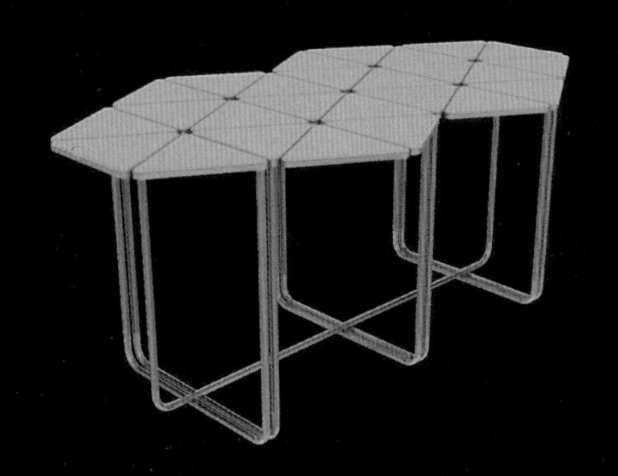

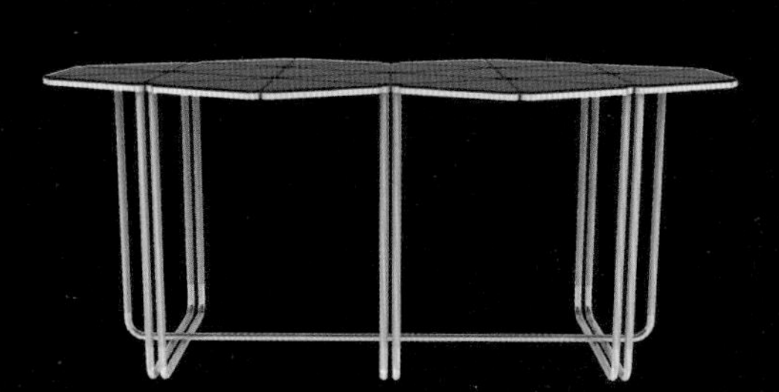

**设计公司：**Bitangra

# Aquarius 茶几

Aquarius 是一款非常独特的茶几。这张引人注目的茶几就像精美的珠宝作品一样，精美且又极富特色。Aquarius 非常适合现代客厅，其烟色玻璃桌面和完美的弧形抛光不锈钢底座会给你的家居装饰增添一丝优雅。

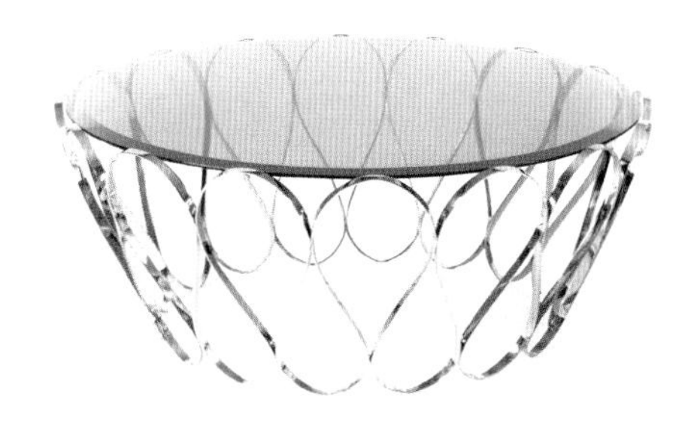

**设计公司：**Boca do Lobo

# Empire 茶几

为了给人留下深刻的印象和无与伦比的体验，这款精致的茶几将为你豪华的客厅增添一抹令人惊叹的优雅与魅力。

**设计公司：**Boca do Lobo

# ABC

就像每个起居室一样，A 代表容纳，B 代表美丽，C 代表舒适。通过简单的组合排列，它就能变成单人床、双人床甚至对床。

**设计公司：**Campeggi Srl
**设计师：**Giulio Manzoni

**摄影：**Ezio Prandini

# Gilbert & George 座椅

Gilbert & George 是一个由两部分完美组合而成的大蒲团，中间形成一条弧线，暗示有多种不同的用途。

如果必要的话，搁脚凳会变成 2 个独立的座位，甚至也可以是 2 张舒适的摇椅。

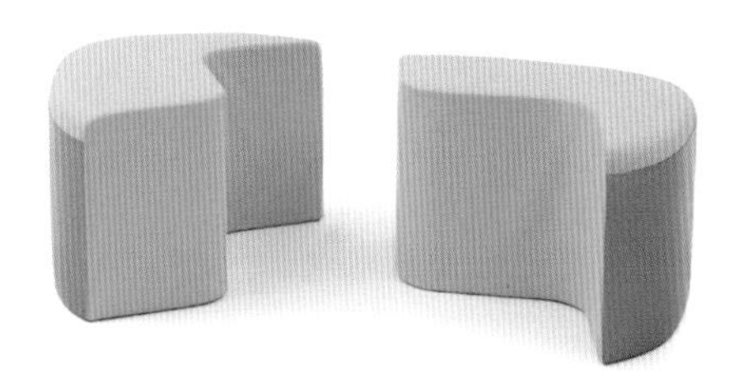

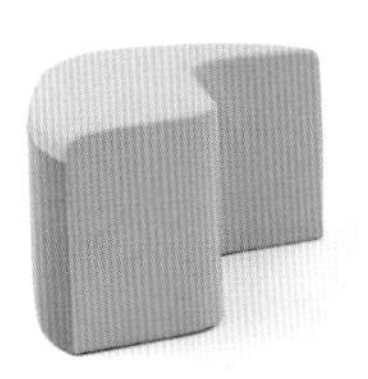

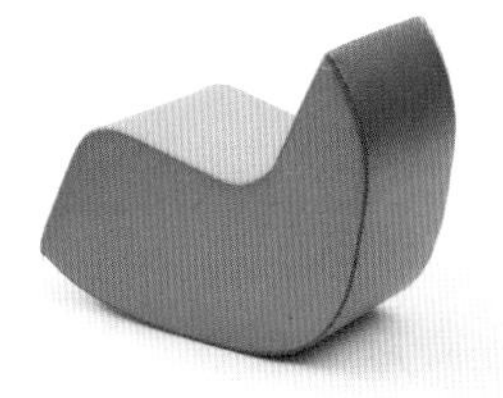

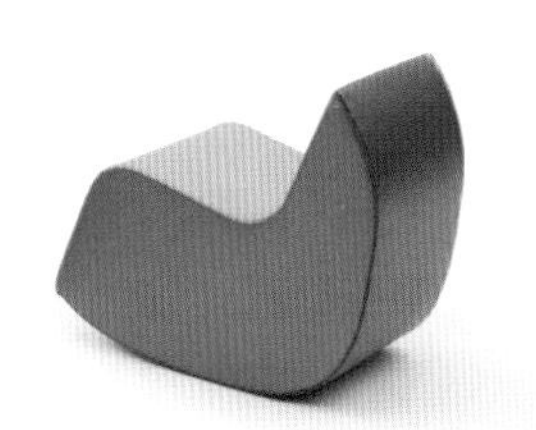

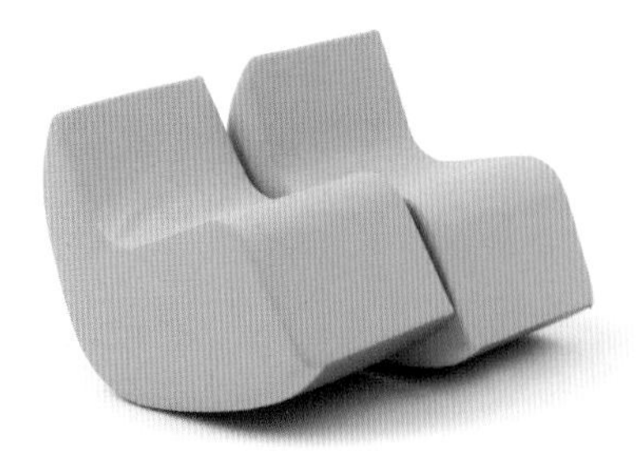

**设计公司：**Campeggi Srl
**设计师：**Denis Santachiara

**摄影：**Ezio Prandini

# Nessy 沙发

灵活的 Nessy 沙发，有着强烈的视觉冲击力，这种奇异的设计带给生活更大的想象空间。柔软而蜿蜒的形状，让人感受到自由和创意。

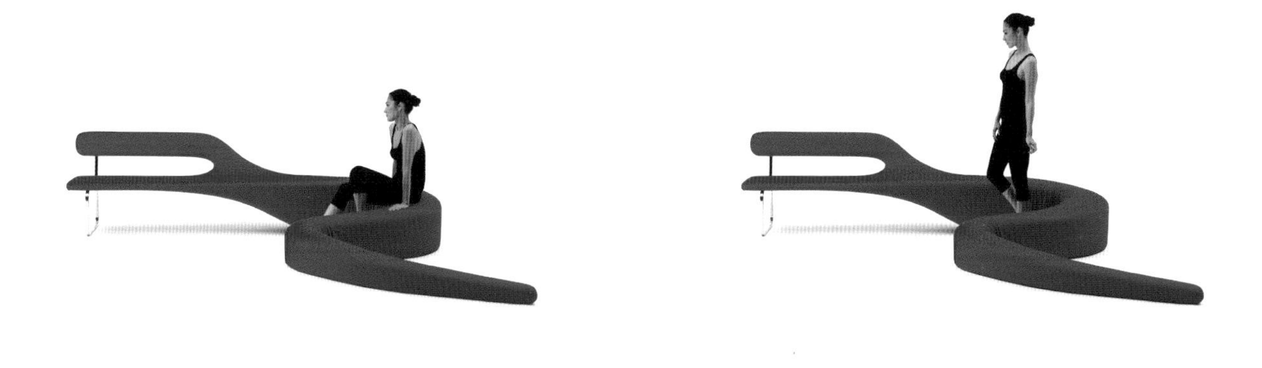

**设计公司：**Campeggi Srl
**设计师：**Emanuele Magini

# Ostenda 扶手椅

Vico Magistretti 对折叠的、可移动的和便携式的家具进行了精心的研究，利用这些元素设计了 Ostenda。通过简单的操作，这把扶手椅就会变成躺椅，并且可以利用轮子来进行移动。

**设计公司：**Campeggi Srl
**设计师：**Vico Magistretti

**摄影：**Ezio Prandini

# Self – made 沙发

Self-made 的产生就是要防止沙发独占我们的生活空间。Self-made 沙发座椅可根据人数和时间来变换形态，使之更适应我们的品位和需求。

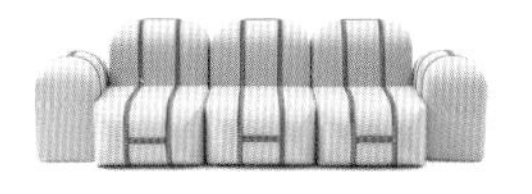

**设计公司 :** Campeggi Srl
**设计师 :** Matali Crasset
**摄影 :** Ezio Prandini

# Beams 椅子

EAJY 是一家生产精密家具和相关家居用品的高级制造商，为最精致的家庭或办公空间设计时尚、符合人体工程学的产品，并且也将 EAJY 品牌引入国际市场。

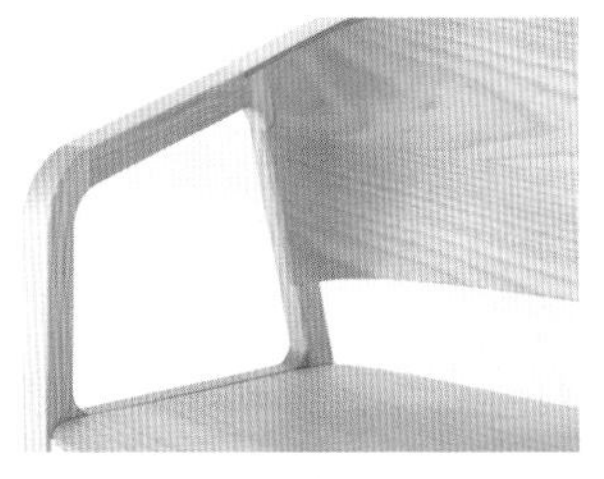

**设计公司：**EAJY

# MARTINI

很多时候，当我开始设计一款新产品时，我总是设身处地的为用户着想。当我开始问自己，我希望我的产品有什么品质时，一系列能够定义产品的形容词就会出现。在这些形容词中，需要优先考虑适应性、个性化、舒适性和实用性。在这个特定的情况下，产品必须能够旋转，保持稳定、倾斜、可调节高度。

我希望它是一个经典作品，经得住时间的考验，有不张扬、宁静、轻便、亲切的特质。因此，我开始研究一种木制框架，既有连续的、环绕的、亲切的装饰效果，又有合适的尺寸，并且可用连续的曲线连接起来。

**设计师：**Gemma Bernal

# SASH 椅子

SASH 是一把有着软装座垫、木制扶手和靠背的金属框架椅，椅子上的饰带是最重要的部分，使椅子更加精美而富有特色。

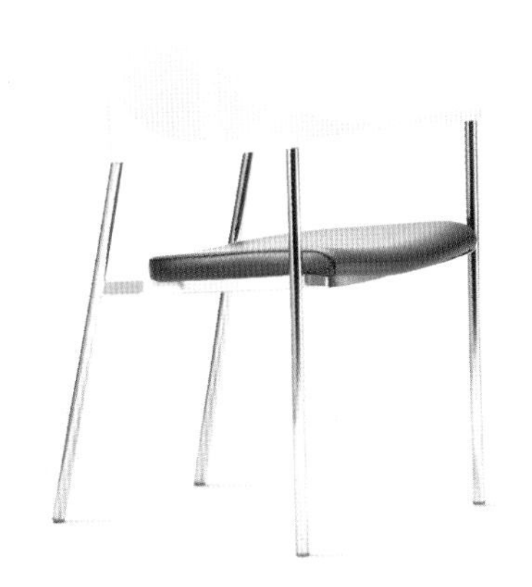

**设计师：**Gemma Bernal

# KSENIA 椅子

这个系列由安乐椅和普通椅子组成。安乐椅和椅子是山毛榉木结构，座椅靠背和座垫是由防火纺织品或天然纺织品填充和覆盖，如羊毛和天鹅绒。根据合同要求，设计师赋予了 KSENIA 椅子优雅的设计和圆润的外形，KSENIA 椅子也有全木版本，座椅和座椅靠背没有被填充和覆盖，且有不同的木质颜色可供选择，如栗色、胡桃色、灰色和半透明的白色。

**设计师：** Massimo Iosa Ghini
**制作商：** Livoni

# STEALTH 椅子

这是一把舒适、可堆叠的椅子，具有实用和结实等显著特点。钝边的处理突出了整个产品的形状。另一个值得注意的细节是凳腿的设计，锥形是为了便于堆叠。

**设计师：**Massimo Iosa Ghini
**制造商：**Livoni

# STEALTH 凳子

STEALTH 是一种个性十足的凳子，它的功能特征很突出，全部用高级再生山毛榉木制作，其椅背作圆角处理，椅腿为喇叭形。

**设计师：**Massimo Iosa Ghini
**制造商：**Livoni

# Mannequin 系列

设计师对样式和结构的兴趣，以及通过给椅背更换不同的“衣服”来改变椅子的外观的概念，为设计师带来了 Mannequin 椅子的设计灵感。

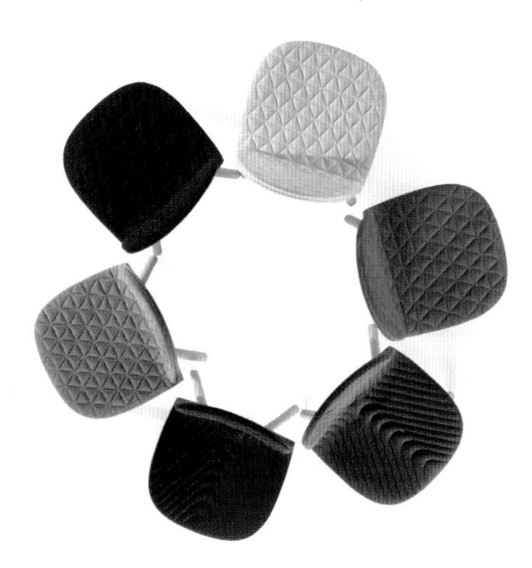

**设计师：**Wertel Oberfell
**制片人和摄影：**Iker

## 小桌子

Cup Table 是一张适度设计的小桌子，由吹制玻璃制成，有小巧而漂亮的外观。8 mm 厚度和圆角的边缘使 Cup Table 有一定的支承强度。将其翻转过来则变成了一个容器或花瓶。一个简单而有创意的解决方案，为家里的每一个角落增添一抹色彩。

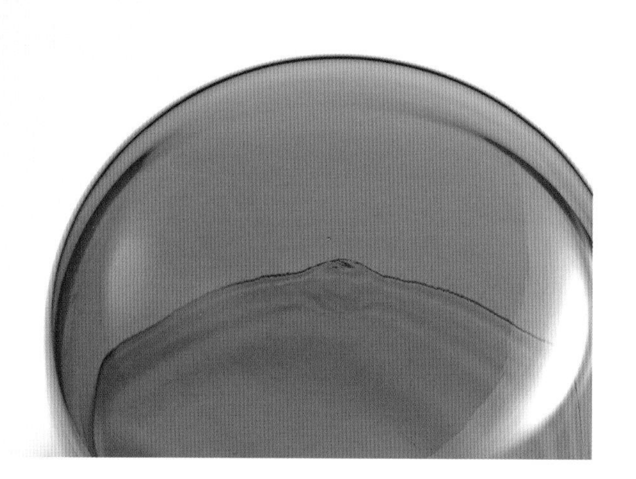

**设计公司：**Iwasaki Design Studio
**设计师：**Ichiro Iwasaki

# MEETEE 的 Mia 椅子

Mia 是一种特别设计的可堆叠椅子，以简洁的扶手为特点。木质框架与两片设计好的胶合板结合在一起，形成了一个标准的外观。其设计是为了与其他产品相匹配，使这把椅子几乎适用于所有的环境。椅子的四条腿都能堆叠，为了便于放置，还能将椅子挂在桌面上。

**设计师：**Jin Kuramoto
**摄影：**Masaki Oshima

# MEETEE 的 Nadia 系列

日本木工所使用的许多木工技术的传统都来源于日本的造船技术。日本作为一个岛国，几个世纪以来，海洋工业一直是木材建筑创新背后的推动力量。

Nadia 系列是以连锁施工技术而发展起来的，大家熟悉的 kumiki 结构也是使用的这种技术。

Nadia 系列在设计上和高水平的“kumiki”结构和谐一致，并生产出一系列的现代家具，以致敬随着时光而流逝的木船。

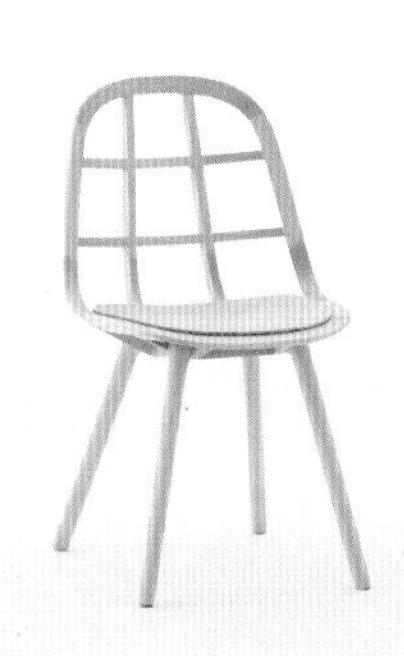

**设计师：**Jin Kuramoto
**摄影：**Takumi Ota

# MEETEE 的 Sally 椅子

设计师成功地制造出了一种具有最小零件的坚固结构——Sally 椅子。通过与 MEETEE 木匠的紧密合作，采用日本的传统木工工艺，找到了巧妙的解决方案，呈现出精致的细节。这样制作的椅子非常轻便，外观也很精致，其结构也赋予它独特的个性。

**设计师：**Jin Kuramoto
**摄影：**Masaki Oshima

# 1141 桌子系列

Kukka 工作室创始人、创意总监 Rona Meyuchas Koblenz 创造了一个限量版作品。该作品在 2015 年米兰国际家具展的绿色房间里展出。

1141 桌子系列的设计灵感来自一个采石场的采矿方法，桌子边缘被打磨得轮廓分明。

桌面经 Caesarstone 石英表面和数控机床处理后手工抛光，金属桌腿可以自由转动。

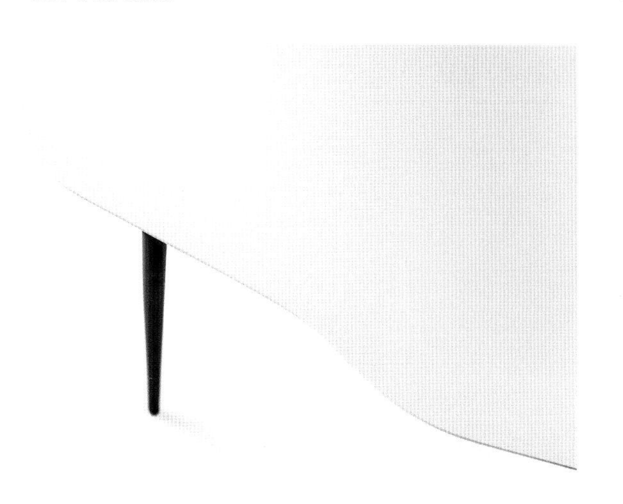

**设计公司：**Kukka Studio
**设计师：**Rona Meyuchas－Koblenz

# Kettal Bitta 系列

Kettal Bitta 是一个温馨、舒适的家具系列，产品最大的特色是采用了铝框架和编织的聚酯绳。新款伸缩桌子可分为柚木、大理石和铝面三种。设计师想要创造一种有密集的编织但空气仍可自由通过的效果，让人不禁联想起用来停泊的绳索 (Bitta，意大利语是停泊的意思)，使作品看起来更轻巧，同时，也像是一个色彩天然的舒适的窝，可以坐下来放松一下。

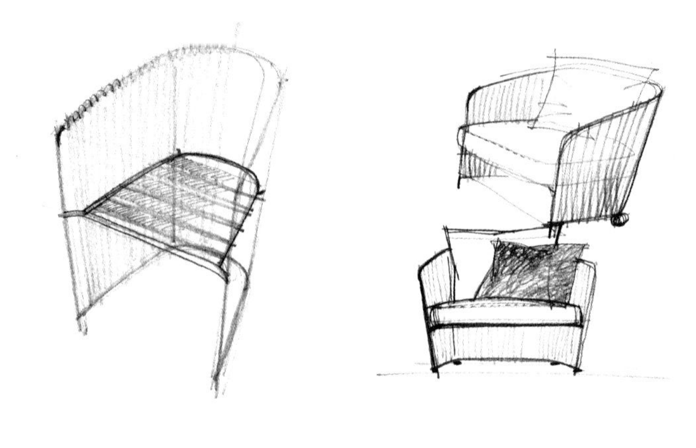

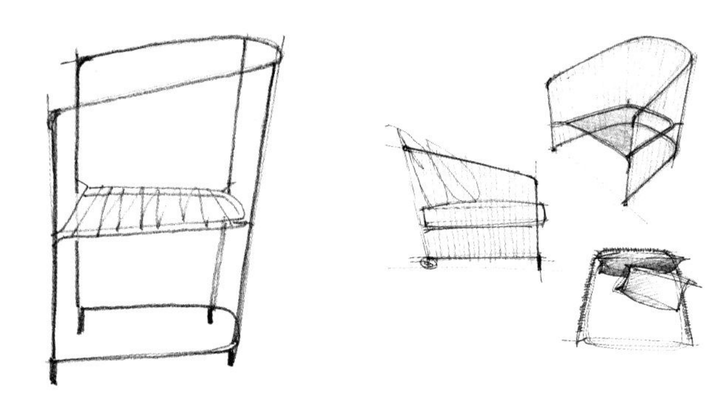

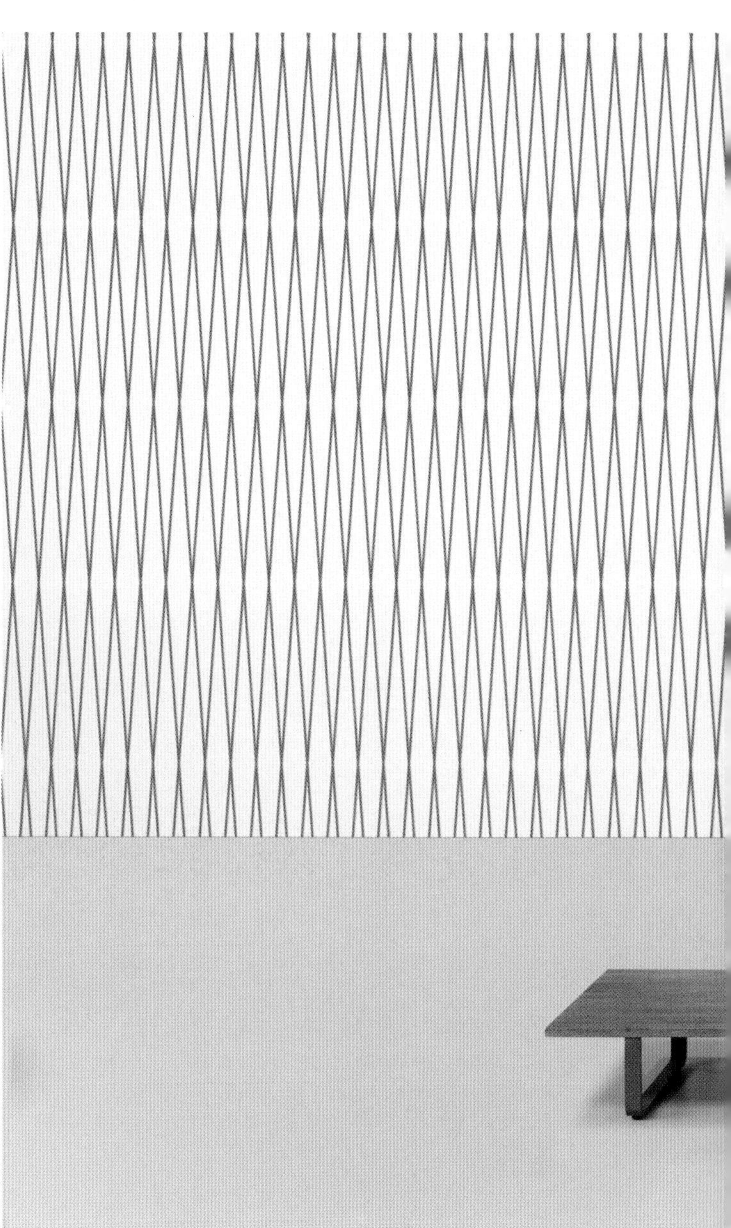

**设计师：**Rodolfo Dordoni

# Antilope 高脚凳

Mario Alessiani 为意大利公司 Offiseria 设计了 Antilope 高脚凳。

Antilope 是一把由金属结构组成的平板高脚凳，外面是木质材料。每一个功能部件都被分解展示出来，这是设计的主要特点，而颜色的使用也是它极为出彩的部分，同时也展示物体的结构之美。

坚固的高脚凳无需胶水连接，只是用螺丝钉固定，易于安装和运输。

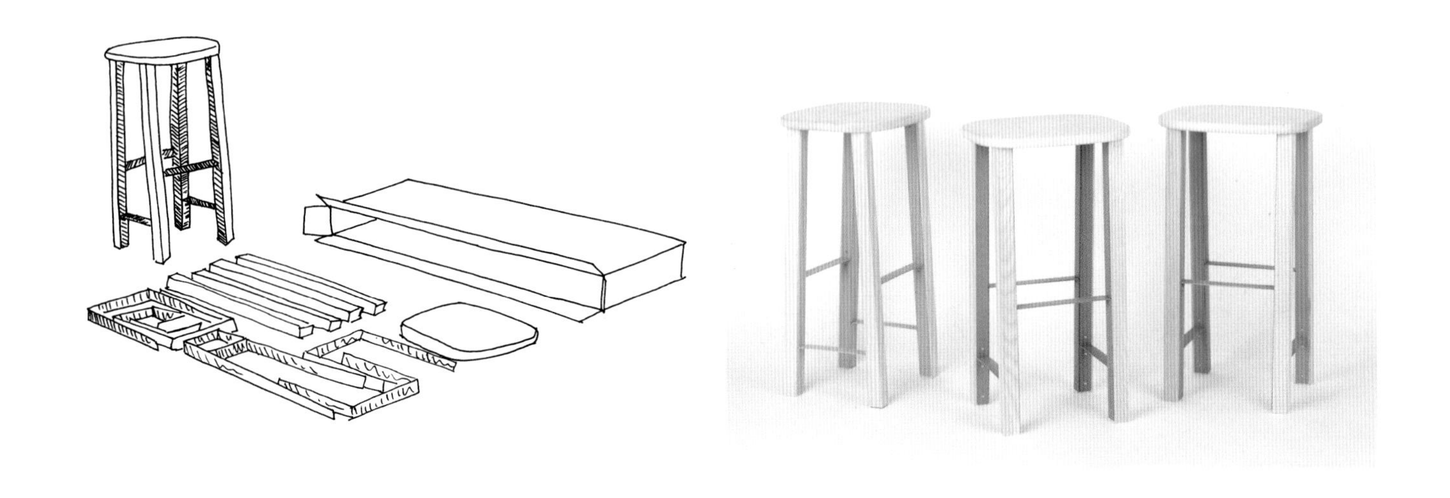

设计师：Mario Alessiani
摄影：Emanuele Chiaverini

# Carati 边桌系列

意大利设计师 Mario Alessiani 设计了一组边桌 Carati，其灵感来自钻石戒指的接合方法。

Carati 边桌生产于意大利，皆由手工制作，以木头和铁组成，金属结构支撑着木头桌面，使木头桌面看起来就像一块宝石。

设计师想在桌腿和桌面之间建立一种非典型的关系，这种结构是由水平的压力来支撑的，而不是普通桌子的垂直压力。

这种接合方法也成了设计的主角，它既是功能性的又是标志性的。

**设计师：**Mario Alessiani

# DoRA 系列

无论在什么地方 DoRA 都是舒适的代名词。羊毛织物和坚固的橡木凳腿带来了真实的感觉。DoRA 扶手和靠背的形状灵感来自亚洲帆船的结构。DoRA 已经准备好为你提供一段舒适的时光。

**设计公司：**NORDI Furniture Ltd.
**设计师：**Miks Petersons

**摄影：**Didzis Grodzs

# TiME 系列

在这个快速变化的世界中，时间是我们拥有的最珍贵的东西之一。当设计师 Miks Petersons 跑 107 公里耐力马拉松时，他才有时间去思考他的生活，他明白，在生活中我们浪费了很多宝贵的时间，这些时间本可和我们所爱的人在一起，或者做我们喜欢的事情。所以 TiME 系列家具，是设计师 Miks Petersons 的时间感言，时间流逝我们仍然向前。如果你从侧面看向桌子，你可以看到桌腿为沙漏形，上部的生橡木代表了剩下的时间。

**设计公司：**NORDI Furniture Ltd.
**设计师：**Miks Petersons
**摄影：**Didzis Grodzs

# DC1 椅子

DC1 椅子是经过设计师的反复研究而创造的，同时也是与 Dolmen 桌子配套的椅子。

设计师想去除复杂装饰的概念，以契合极简主义，满足生活化需求，磨砂黑漆钢椅靠背，具有冰冷和光亮的外观，1.2 m 的黑檀木和在末端的拉丝不锈钢更增强了这种感觉。钢和木头是这把椅子的一部分，实现了强烈的对比，也有着常见的刻面设计。

**设计公司：** O Studio

# DB1 咖啡桌

Dolmen 系列的 DB1 咖啡桌由一块 115 cm × 60 cm 的大理石板组成，有三条桌腿。两条桌腿是拉丝不锈钢，一条桌腿是坚硬的黑檀木。由木匠、大理石石匠和金属工人合作完成。

Nero Marquina 的抛光大理石产自西班牙。在切割之前，设计师让大理石石匠来临摹模板，小心选择切片。

**设计公司：**O Studio

# DM1 Meridian

DM1 Meridian 是应用户的日常需要和要求而设计的，与 Dolmen 系列的其他作品相呼应。磨砂黑钢的结构、冰冷的外观和动感的线条，与舒适的浅棕色座椅面料、柔和的曲线以及温暖的木质腿形成了鲜明的对比。使用者依偎在靠枕上，就像是蜷缩在一个很有安全感的茧里。

**设计公司：**O Studio

# DT1B 白色桌子

Dolmen 系列的 DT1B 白色桌子由 210 cm × 110 cm 的大理石板构成，有三条桌腿，其中两条桌腿是拉丝不锈钢，一条桌腿是坚硬的黑檀木。由木匠、大理石石匠和金属工人合作完成的。

Pele de Tigre 的抛光大理石产自葡萄牙。在切割之前，设计师让大理石石匠来临摹模板，小心选择切片。这块大理石以另外一块护板为基础。

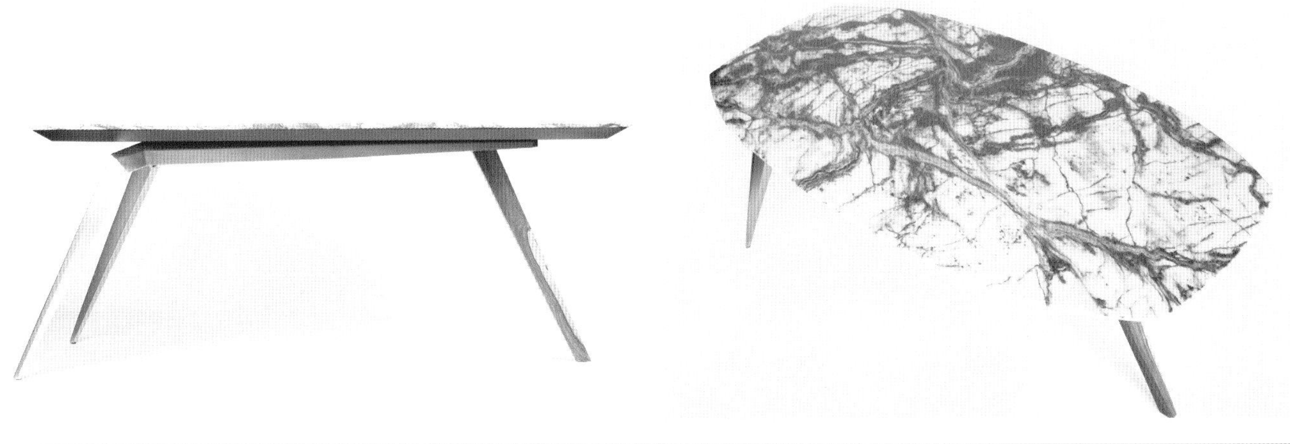

**设计公司：**O Studio

# Brooklyn 书桌

Brooklyn 书桌可以调节高度，并且有可移动的储物箱，所以家庭的每一个成员都可以使用，并可根据个人需求进行调整。修长、圆形的桌腿和可移动的储物箱，使书桌简单而别致。书桌的高度可灵活调节，儿童和成人都适用。

**品牌：**Oeuf

# Slant 桌子

Slant 桌子受到 Scandinavian 和 Bauhaus 设计的影响，运用易懂的功能主义理念来创造一个简单而优雅的设计。这张桌子由白橡木制成，丹麦油抛光。桌面以数控技术加工的表面形成的一个凹面轮廓。两边的桌腿由中间的暗榫支撑。整体的概念是从对木板结构的探索中演化而来的。设计过程中的第一步，评估桌腿的位置和比例，这样确保桌腿从各个角度上看都是引人注目的。

**设计师：**Phillip Jividen

# Calibre 32 椅子

Calibre 32 椅子的椅面类似车轮，该项目将我们带回到黎巴嫩辉煌的文明时期，无论是在古老建筑时代还是现在，较少见的传统拼贴，为它的结构、形状、材料和色彩融合在一起，创造了有利条件。

“Calibre 32”是由不同大小的木块组合而成的圆形凳子，以不同的方式组合在一起，采用手工镶嵌的复古细木工制作而成。

这个由 32 个元素组成的同心组合构成了一个完整的实体。这一概念也象征了我们的社会团结，尽管我们的信仰、心态等不同，但一旦团结起来，我们就会有所改变，一路向前。

**设计师：**Richard Yasmine
**摄影：**Mike Malajalian

# Glory Holes 桌子

对 Glory Holes 的第一印象绝不仅仅是一张普通的椅子，更是一件有魅力的物品，它能投射出家居饰品世界中的新维度。这张多功能的桌子，是独枝花瓶的集合或一组小花瓶，glory 这个词就来自“花瓶”，当有孔的大理石桌面朝上时，整个作品像是一个矮桌或一个边桌甚至是一件雕塑装饰作品，而当大理石桌面朝下的时候，则可以形成一个更大的桌面。

Glory Holes 桌子更像是一个互动装置，有些人甚至觉得它是一个“情趣玩具”，这正是设计概念的一部分。

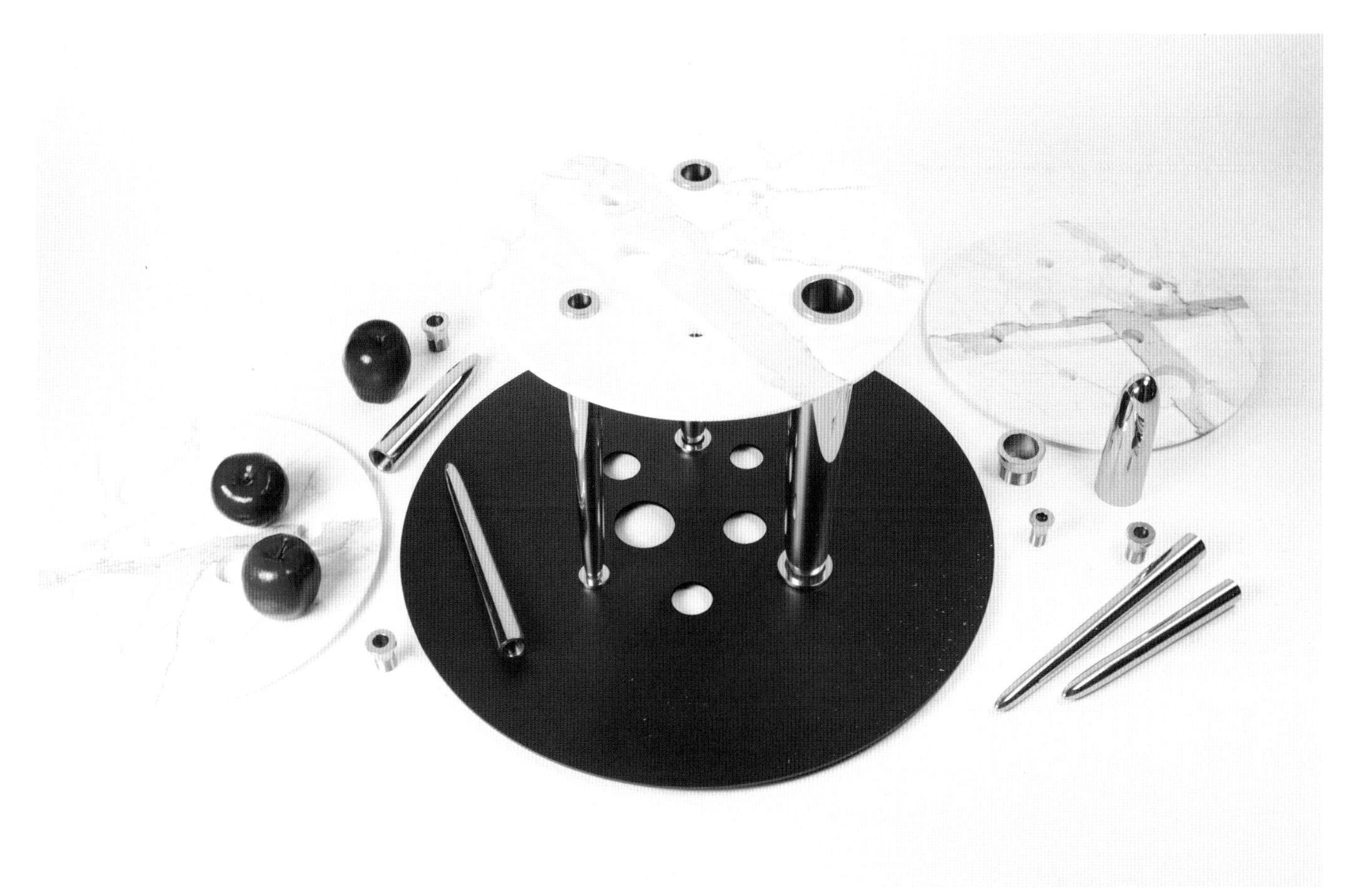

**设计师：**Richard Yasmine
**摄影：**Mike Malajalian

# Khayzaran / Fairuz 椅子

Khayzaran / Fairuz 的主要目标是把椅子和其他的家居饰品带入生活，无论是喝咖啡、开展棋牌游戏、吃饭，或是历经战争和和平、葬礼和婚礼，Khayzaran / Fairuz 椅子都可以与你同进退，共见证。

**设计师：** Richard Yasmine

**摄影：** Bizarre Beirut、Ieva Saudargaite

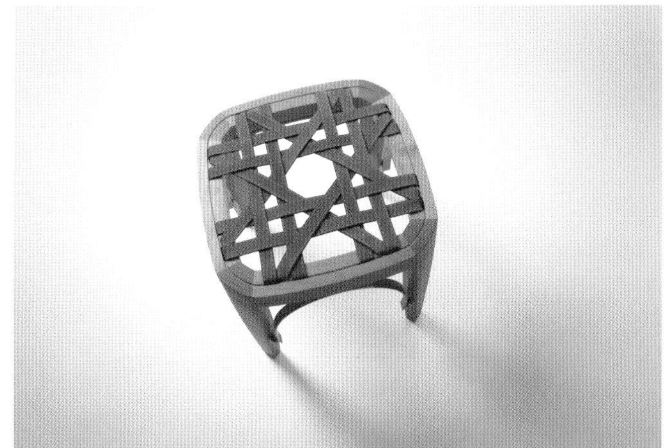

# 折叠椅

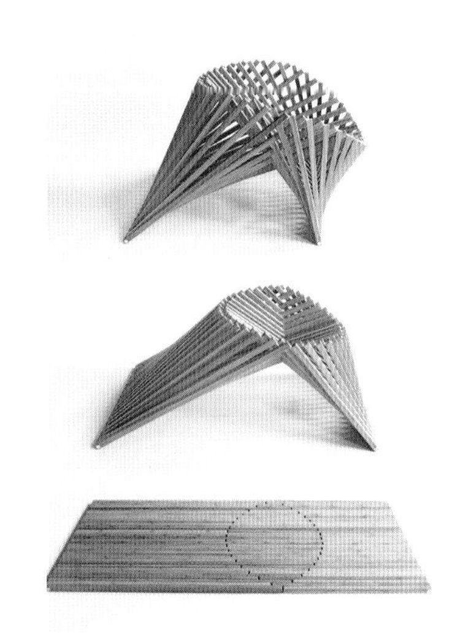

折叠椅是通过自身的变形而产生自然形状的物体。椅子的每一部分在变形过程中都有自己的作用。

收集大量不同的椅子很容易的，在这几年里，我们收集了各种各样的椅子。但在我的研究中，吸引我的是一个简单的问题，你创造的物品在多大程度上能够决定你的设计？对于一个物体，它是否有可能知道自己适合哪一种形式？如果是这样，最终结果是什么？

跟随这个思路，我有了一些有趣的想法，可以创造一种新的椅子。任何椅子的功能都是倚坐。以这个概念为起点，我在平面上做了几次切割，然后拉出了不同的切割面。这样椅子就初步成型了，但靠背、座椅和凳腿已经有显著的特征。木梁的模式使椅子有了一个有机的形状。当椅子静止向下时，就能看到大部分的切割面。但在施工的阶段，我还不知道这把椅子最终会是什么样的形状，其形状由木梁的弓形结构决定。可以把椅子折叠成一个固定的形状，这样，与材料的特殊连接系统诞生了。

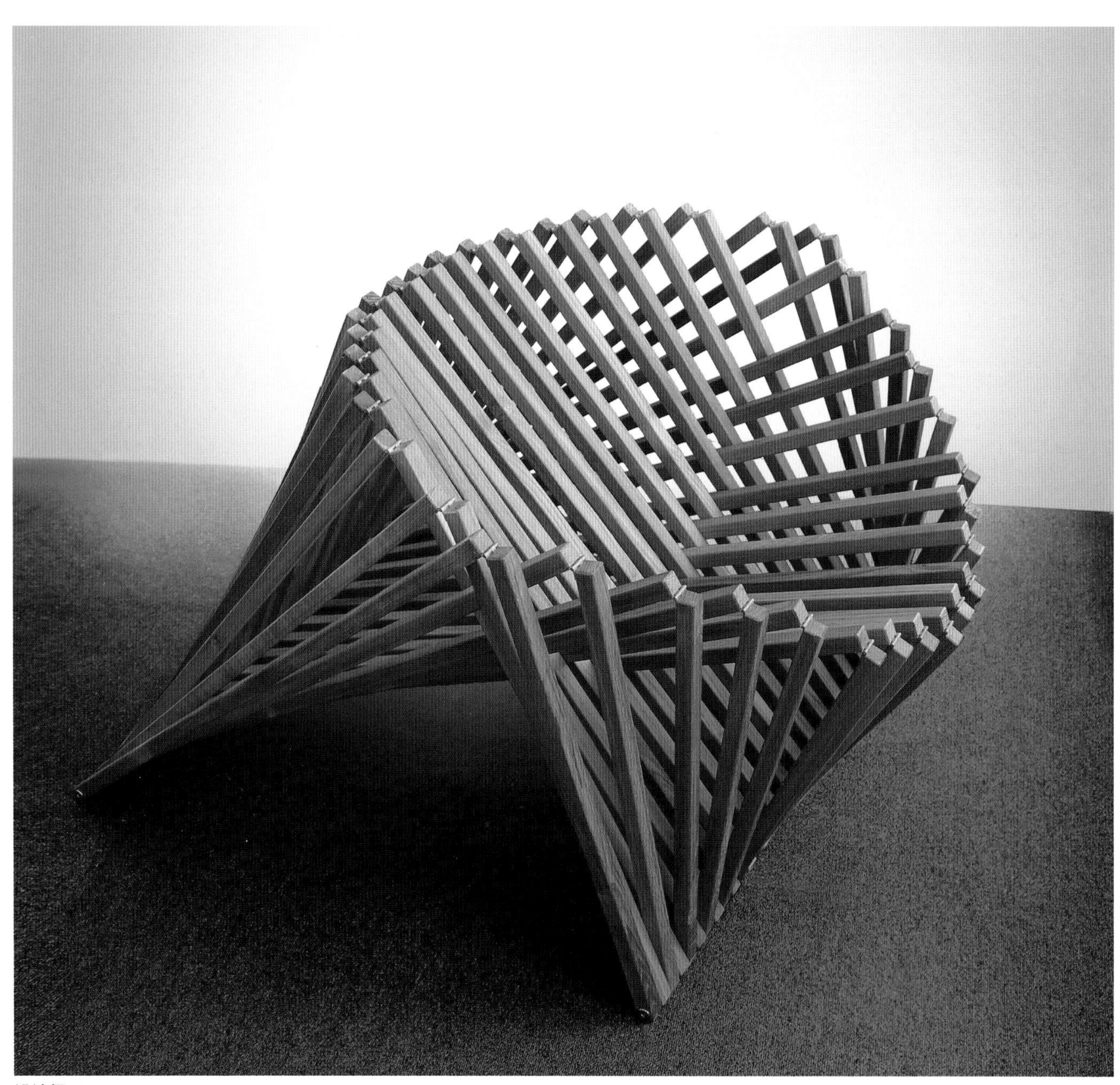

**设计师：**Robert van Embricqs

## 折叠桌

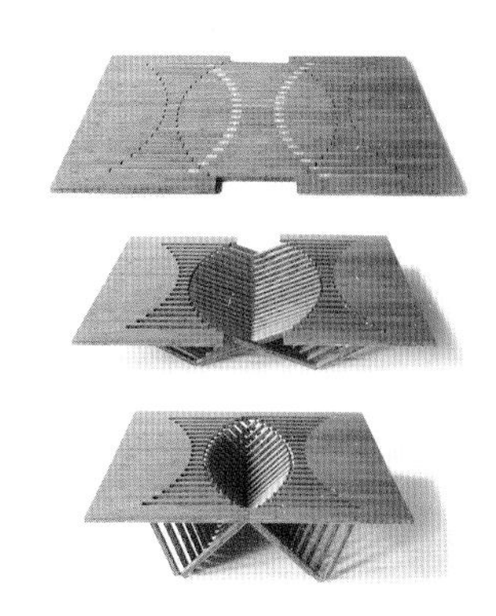

折叠餐桌是折叠系列家具的一部分。这意味着我们又一次运用了折叠的理念，最初的想法很简单，就是将平面变形成一件时尚的家具。在设计这张桌子的过程中，我觉得最重要的是，决定和指导最终设计的原材料，确保实用性和可操作性。在设计过程中，我提出了一个尽可能接近自然的观点。利用自然的设计理念，让变形在自然中发生，而不需要人为的介入。这就产生了切割模式，从而形成了一个由编织的竹梁组成的格子，构成了桌子的中心。

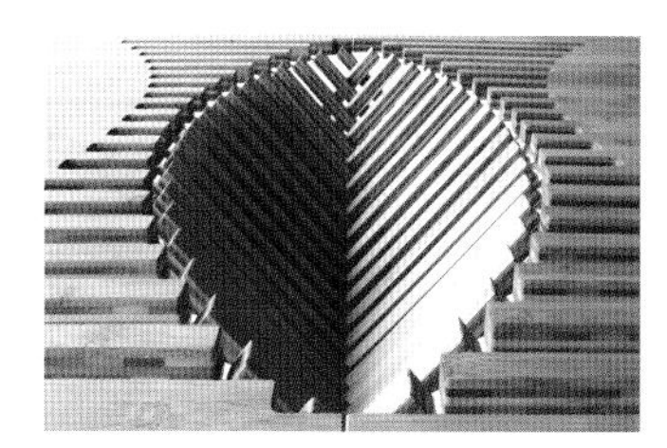

**设计师：** Robert van Embricqs

# Basoa 桌子

灵感来自法国 Les Landes 地区森林中的松树，Basoa 桌子既简单又永不过时。与其他桌子不同的是，桌面和桌腿之间的结合新颖而独特。这张桌子是由 Silvia Ceñal 设计的。

**设计公司：**Silvia Ceñal Design Studio

# Oma 系列

Oma 以其极简设计和独创设计而著名。为室内外提供兼具功能性和实用性的家具，具有简约和现代的风格。

**设计公司：**Silvia Ceñal Design Studio

# 22 系列

22 系列是 Saint Denis 各行各业的人建立社会联系，促进见面交流的好机会，这要感谢当地的背景文化、对社区需求的理解和对年轻技术木工的支持。该系列的目的是进一步鼓励和促进这几代人的交流。

**设计公司 :** Studio Dessuant Bone
**摄影 :** Studio Dessuant Bone

# Tubus 系列

在设计 Tubus 系列时，设计师将日常元素钢管运用其中，让我们不禁思考，在什么时候，管子就是管子？又在什么时候它变得难以描述，不再被认为是管子？

设计师在熟悉的细长管道外部施压，使管道产生变形，这种变形不仅改变了它们的外观，使之形成平坦的表面，也构建了其他表面（构造）和桌面的逻辑连接点。尽管有些变形，但这些管子仍具有建设性的价值，并最终创造出一个透明的框架。

**设计公司：**Studio Roex

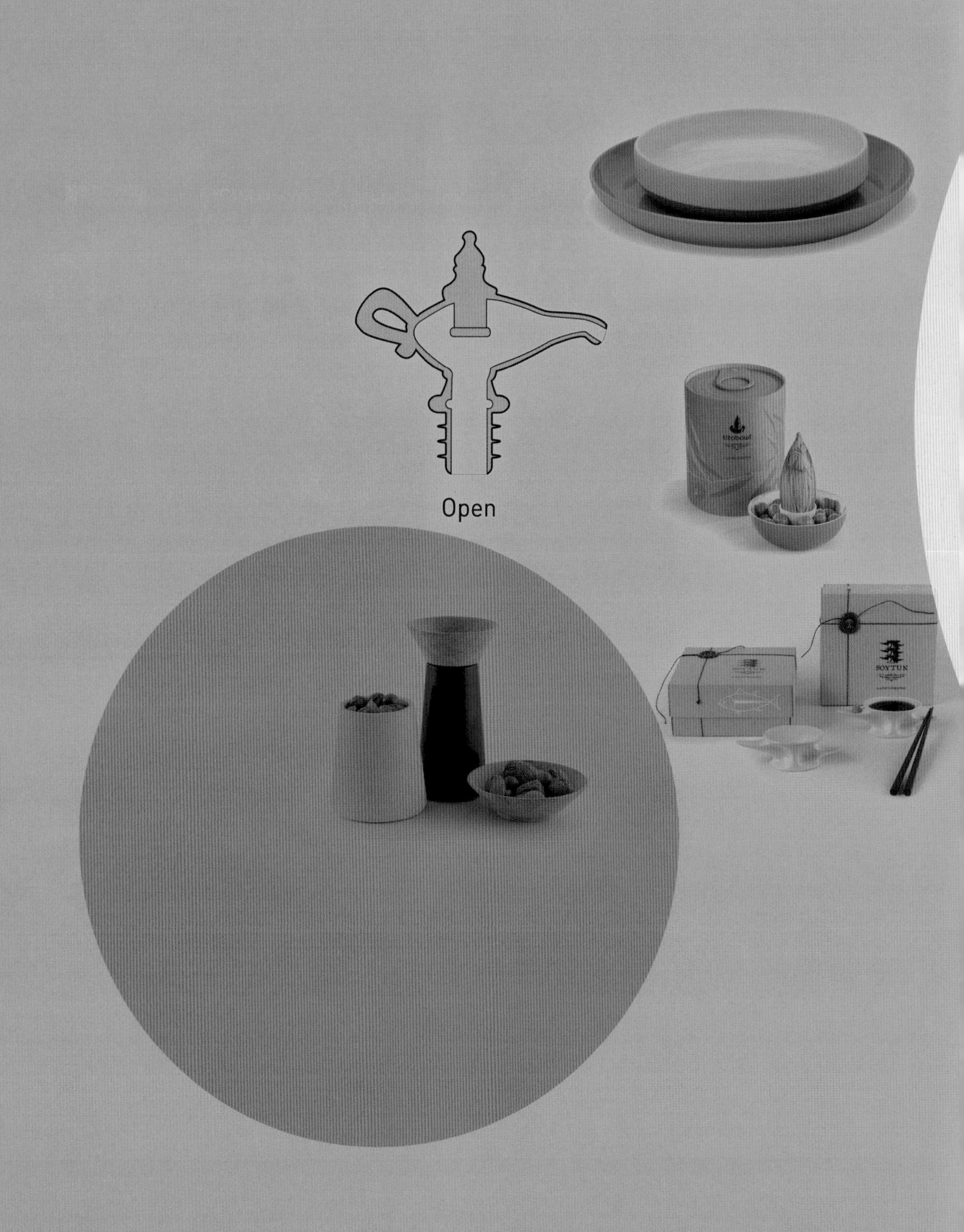
Open
SOYTUN

# 厨房用品
# &
# 容器

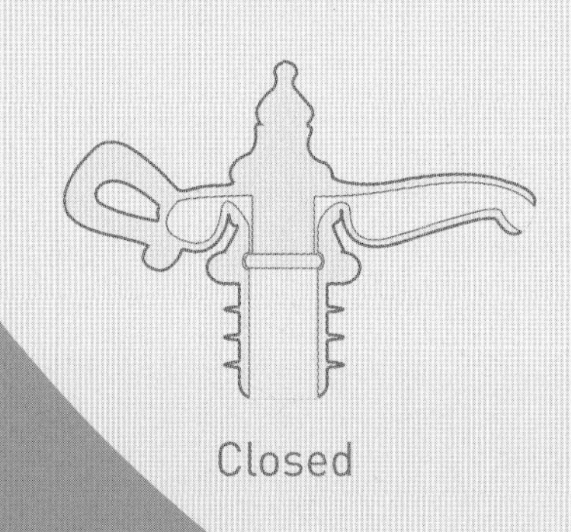

# Bat Trang 餐具

就像 Bat Trang 花瓶一样，这种餐具是用彩色的黏土和搪瓷制成的。光滑的搪瓷和未经处理的陶瓷结合在一起，是这个系列的特别之处。设计师说：“对于新 Bat Trang 餐具，我从头就开始了色彩处理。餐具在颜色使用时需要一种完全不同的方法。”最终，颜色变得更柔和了。把不同的部分组合起来很容易。碗下面的盘子有一个圆环，以改善碗的位置。这些圆环用一种特供的颜色来加重，并运用了特殊的手工工艺制作。

**设计师：** Arian Brekveld

# Blue Collar Ribbowls 系列

与为日常使用而设计的 Touch of Blue 系列不同，这些碗除了具有功能性之外，显然还有装饰性的功能。因此，碗的很大一部分被著名的 Delft 蓝时期的传统图案所装饰。画家 Simon van Oosten 特意为这个碗画了一种定制的图案，因为整个主题都是用漂亮的甚至全覆盖的方式画出来的，几乎是一种全彩画。在制作碗的过程中，最初的绘画通过转移到裸露的碎片上来重现。外面的碗架使碗有了阳刚之气。碗架强有力的线条一直延伸至碗底。它们似乎在举起碗，制造出漂浮的错觉。

**设计师：**Arian Brekveld

## 雀巢瓷杯系列

专门为瑞士咖啡专家 Nespresso 设计的系列瓷杯。受到基本几何形状的启发，圆圈代表了标志性的 Nespresso 胶囊，而方形象征着品牌的 logo。这个系列包括一个浓缩咖啡杯、大杯咖啡杯、卡布奇诺杯和托碟。碟子上的小细节使杯子和托碟接合在一起。同样的托碟适用于不同大小的杯子，外部边缘没有釉面，这样更美观。每个杯子的内部空间都是与公司的感官专家合作设计的，以获得良好的咖啡饮用体验。

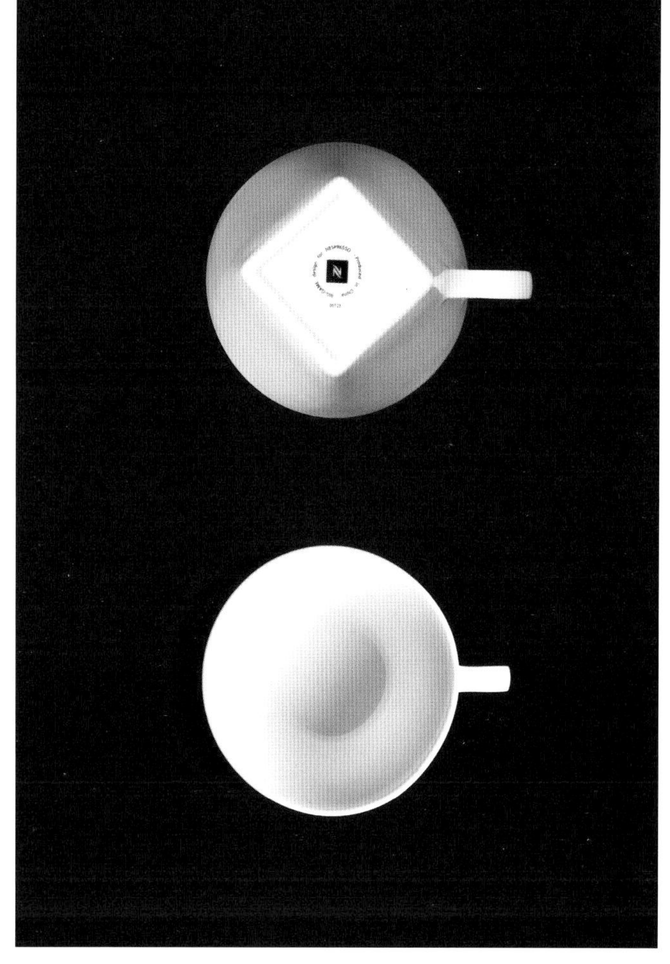

**设计公司：**BIG-GAME

## Medusa 水果盘

Medusa 是一种水果盘，灵感来源于水母天然和动态的形状（水母在意大利语中叫作 medusa），许多地区的海洋中都有这样的水母。玻璃筒经过漫长的加热和成型过程，会使筒壁自动折叠起来。由于材料会根据温度的不同而产生不同的变化，一些褶边自然地就产生了，而且每一件作品都不同，这也会让人想起水母的运动，并且使每个水果盘都是一件独一无二的作品。

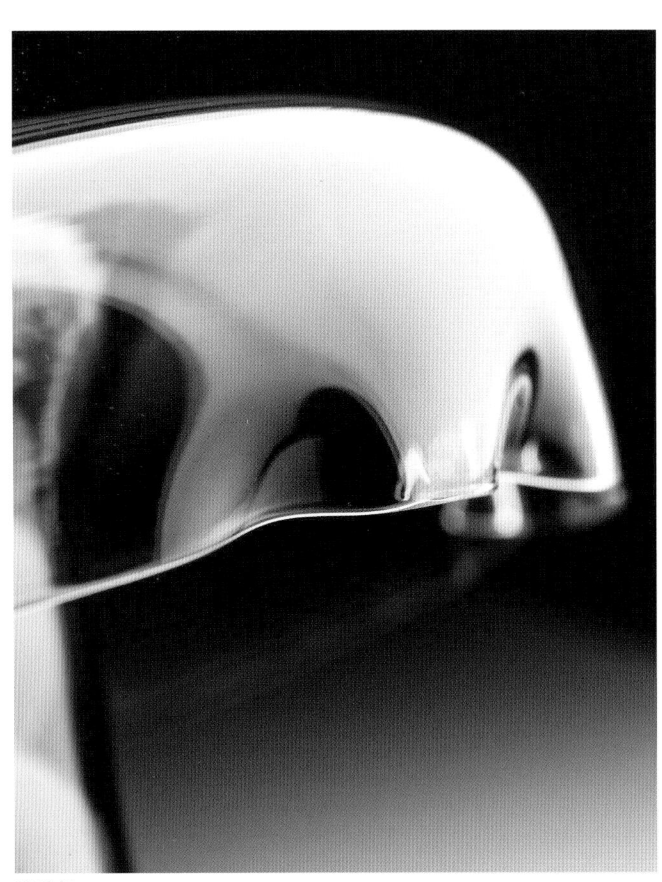

**设计师：**Giorgio Bonaguro
**摄影：**Andrea Basile Studio

# SILO 容器

显示和隐藏、展示和容纳，是 SILO 的关键词。四个陶瓷容器的形状来源于简单的圆锥体，产生了圆润有趣的视觉效果。SILO 两部分的材料和颜色形成鲜明对比，色彩鲜艳的陶瓷部分容纳和隐藏，而天然的木质托盘则可用来摆放物品。SILO 是一个标志性的、合理的、简单的多功能物品，适合每一个房间。在厨房里，便是一个食品容器；在起居室里，便是一个托盘；在卧室和浴室里，便是一个珠宝盒或化妆盒。

**设计师：**Filippo Castellani
**客户：**INCIPIT LAB

# 羊角咖啡杯

GOAT Mug发现了咖啡的制作方式，并彻底改变了咖啡在未来的消费方式。设计师 AnžeMiklavec 决定创造这款独一无二的咖啡杯，为咖啡的饮用带来全新的意义。他的灵感来自 13 世纪，咖啡是怎么被发现的有趣故事。故事讲的是山羊偶然发现了一丛浆果，食用后变得很疯狂。它们的经历让牧羊人决定酿造这些浆果，并且发现这种黑色豆子具有强大的能量。

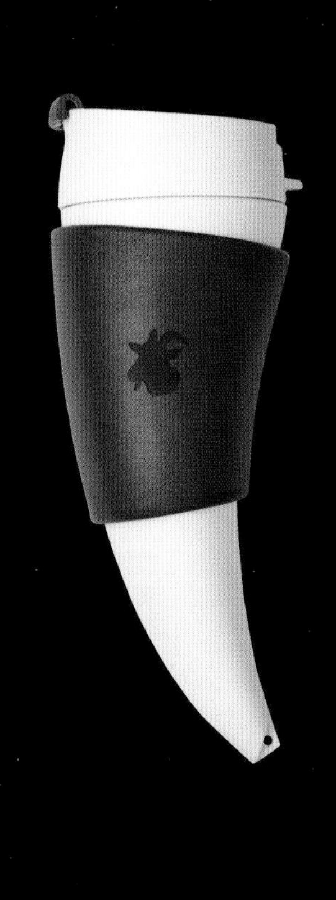

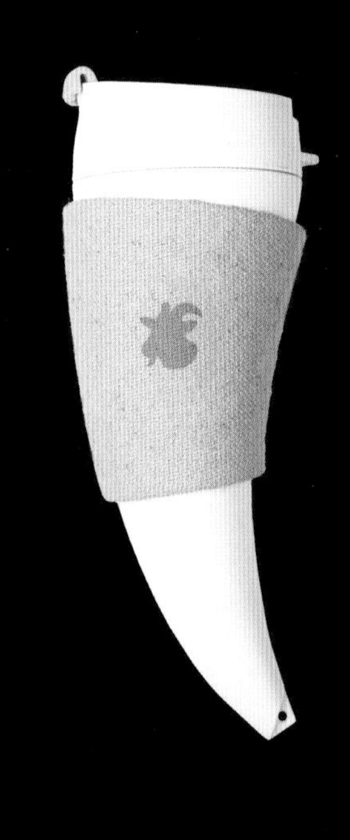

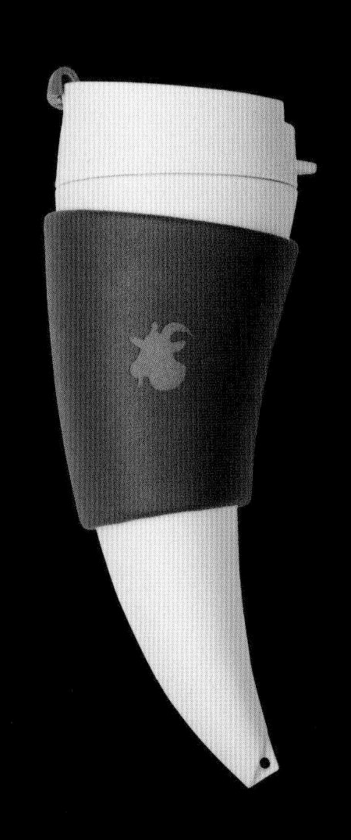

**设计师：**AnžeMiklavec
**摄影：**Jaka Birsa

# Emma 电水壶

Emma是Stelton旗下的获奖茶壶与咖啡壶系列设计，现已被进一步开发，设计出了电水壶系列。Emma 电水壶操作简易、外形美观，具有清晰的线条，浅蓝色与 Emma 系列的其他产品色调相匹配。这个没有电线的水壶水容量为 1.2 L，并配有可拆卸的可调式过滤器、干烧安全开关，当水煮沸时自动关闭。

**设计公司：**HolmbäckNordentoft

# 陶器

这个项目是设计师不断反思后的产物，如何继续使用已经具有实用性的基本版型，如何在不复杂化的情况下获得现代作品，都是设计师一直在思考的问题。

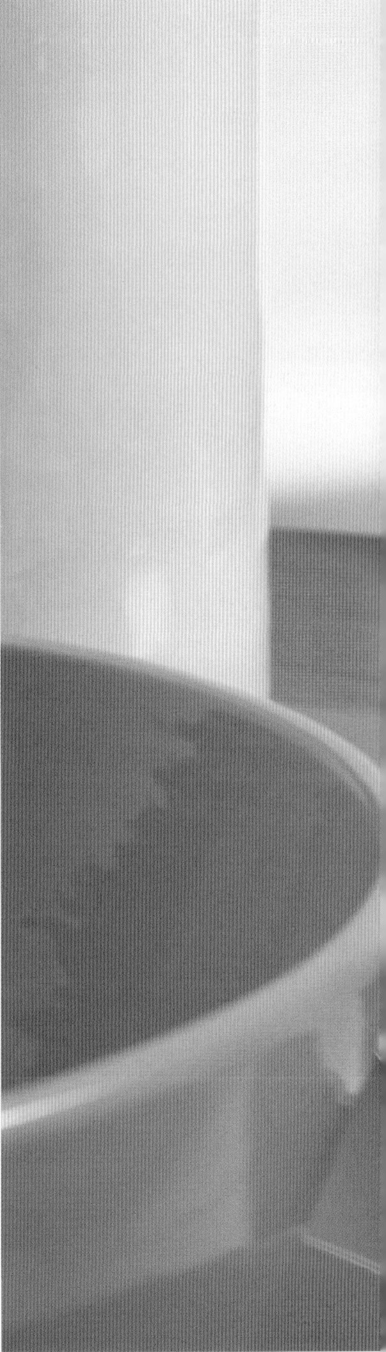

**设计公司：**Nueve estudio
**摄影：**David M. Cordón

# 厨房植栽盆

厨房植栽盆，一套有 3 个植栽盆，它与厨房的其他元素完全吻合。你可以种植香料植物，以便烹饪时直接使用。

**设计公司：**Nueve estudio
**摄影：**David M. Cordón

# Babu 牙签盒

这位冥想大师平静地盘坐在牙签上，把牙签盒放在手边，随时可以使用。

**设计公司：** Peleg Design
**设计师：** Yaron Hirsch

## Oiladdin 淋油喷嘴瓶塞

这款神奇的小油灯瓶塞有三大特色：很容易倒出橄榄油、巧妙密封以保持新鲜、神灯的造型能给你的瓶子增添魅力。

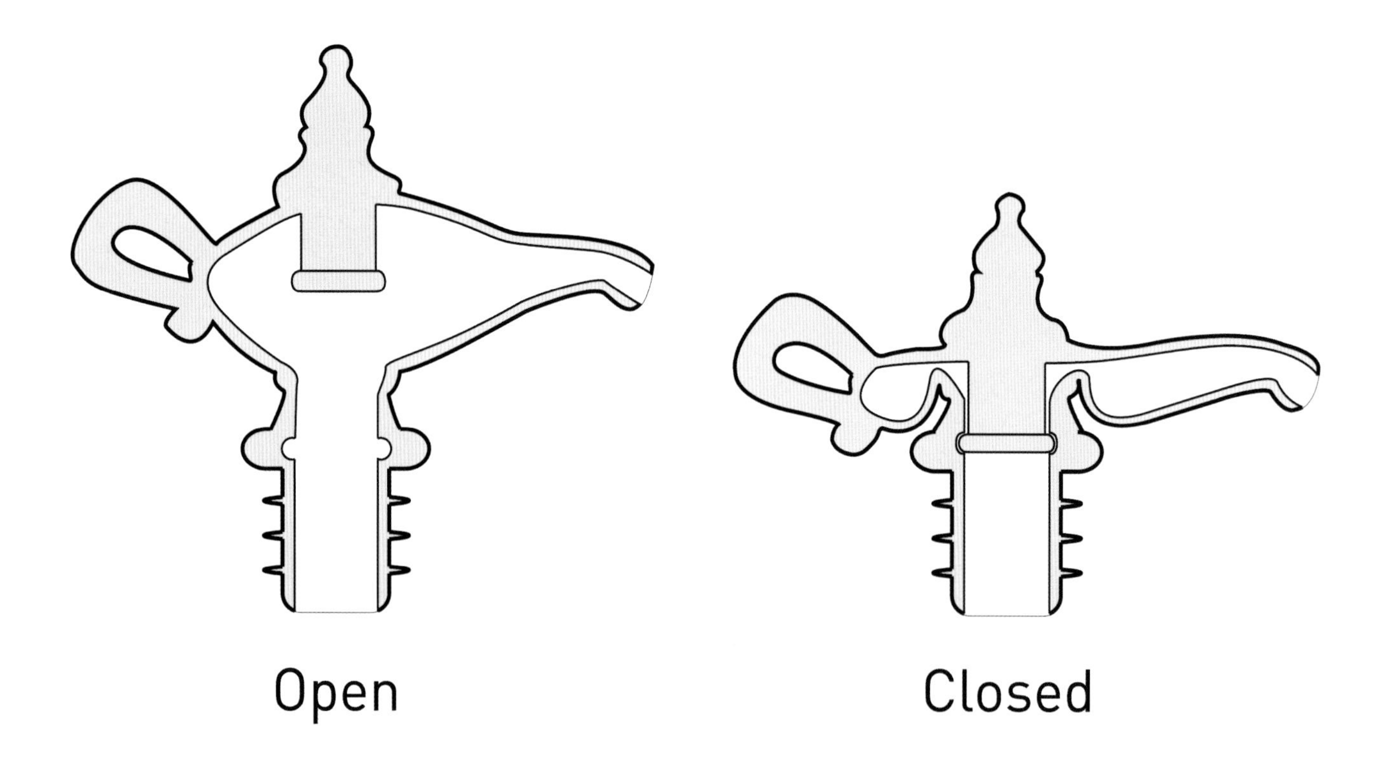

设计师：Peleg Design

Clemente

# 味噌碗

由于处理方式独特，味噌碗的触感极好。当拿起碗的时候，螺纹结构增加摩擦力，并且隔热。它还能够隐藏碗和盖子之间的分界线，使之看起来是一个整体。味噌碗是由各种各样的车削的木材制作的。

**设计师：**Per Finne
**摄影：**Per Finne

# Naturally Norwegian 餐具

Naturally Norwegian 是一套高质量的不锈钢餐具，以挪威的自然风格为特色。就像斯堪的纳维亚的设计传统一样简单，这套餐具的设计实现了外形和功能之间的平衡。餐具是我们熟悉的产品，我们通常会把它与多种感官联系在一起。

餐具的设计不仅要具有漂亮的外观，更重要的是能满足日常生活需要。消费者常常以不同的方式收藏和使用餐具，故设计以自然的结构实现使用的灵活性。正如在挪威西部的动态景观中所看到的，这些形状之间是平衡的。由于装饰较少，餐具易于保持清洁，而且手感更舒适。

设计师：Per Finne
摄影：Oneida

# 木质容器

触觉可能是我们最重要的感觉。

木质容器的设计既有触觉体验，也有视觉体验。

# Ajorí 调味瓶

Ajorí 灵感来自大蒜，具有创造性，用于储存烹饪调味品、香料等。这个厨房配件有 6 个容器，用来容纳不同的产品，适应每个国家不同的烹饪传统。

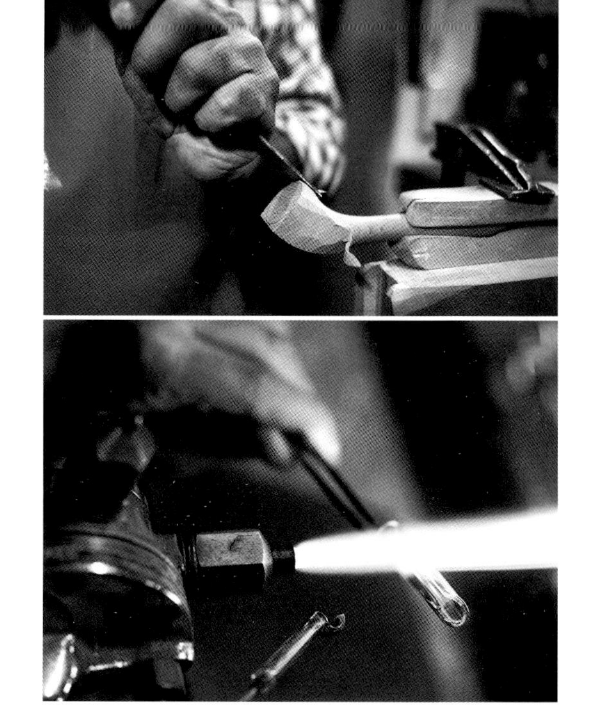

**获奖**

**—国际设计大赛，最佳实践奖。**

2015 年西班牙巴塞罗那，获“空间、产品和服务”类别的最佳实践奖。

**—设计大赛奖**

2014 年 4 月意大利米兰，在烘焙用品、餐具、饮料和炊具设计类别中获得“设计奖金奖”。

**—Castilla la Mancha 工艺品奖**

在 2011 年的工艺设计中获得的冠军。

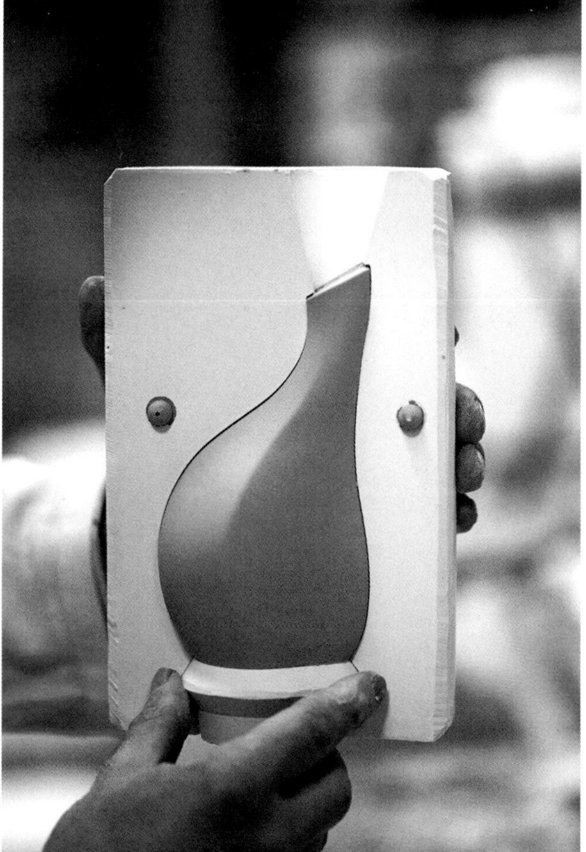

**设计公司：**photoAlquimia
**设计师：**Pilar Balsalobre、Carlos Jiménez

**摄影：**Alquimia Design Studio

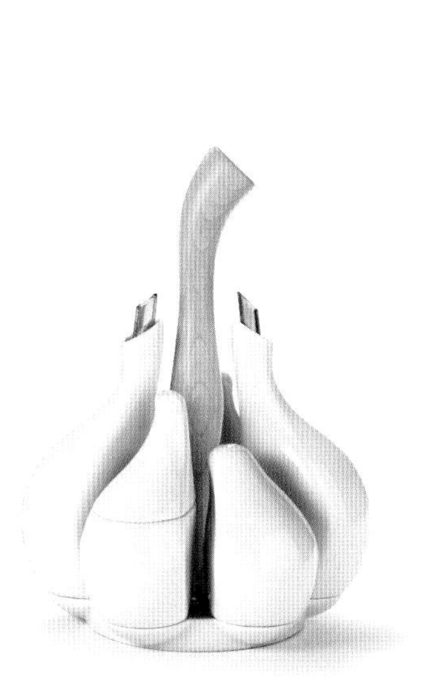

by photoAlquimia
NATURA INITATIS

ajon
NATURA INITATIS
by photoAlquimia

# Soytun 蘸料碟

Soytun 是用瓷釉陶瓷制造的，工艺极为复杂。专为盛装各种各样蘸料而设计的，如生鱼片、寿司等的蘸料。这个设计可以用来装酱油和辛辣芥末酱（芥末），也可以放置筷子。每一个 Soytun 蘸料碟底部都有手写的署名和编码。

设计公司：photoAlquimia
设计师：Pilar Balsalobre、Carlos Jiménez
摄影：Alquimia Design Studio

**获奖**

**一国际设计大赛，最佳实践奖。**

2015 年西班牙巴塞罗那，获“空间、产品和服务”类别的最佳实践奖。

**一设计大赛奖**

2015 年 4 月意大利米兰，在烘焙用品、餐具、饮料和炊具设计类别中获得“设计奖铜奖”。

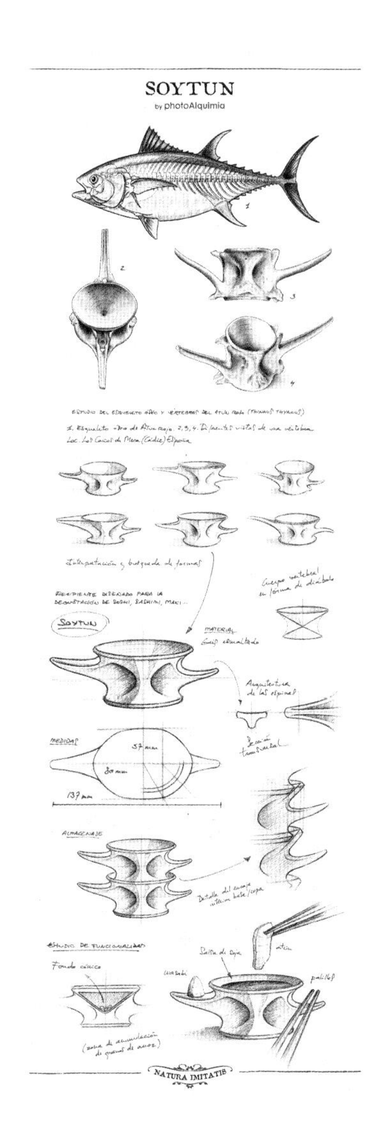

# Titobowl 小容器

Titobowl 是用瓷器制成的，专为盛放不同品种的调味橄榄而精心设计，可以放橄榄和其他的小吃。打开中间的容器，将容器的小盖倒置过来，它就变成了一个牙签盒。产品使用瓷器和橄榄树木精心制作而成，瓷器的冰冷和木头的温暖共生共融，精致和谐。每一个 Titobowl 都有手写的署名和编码。

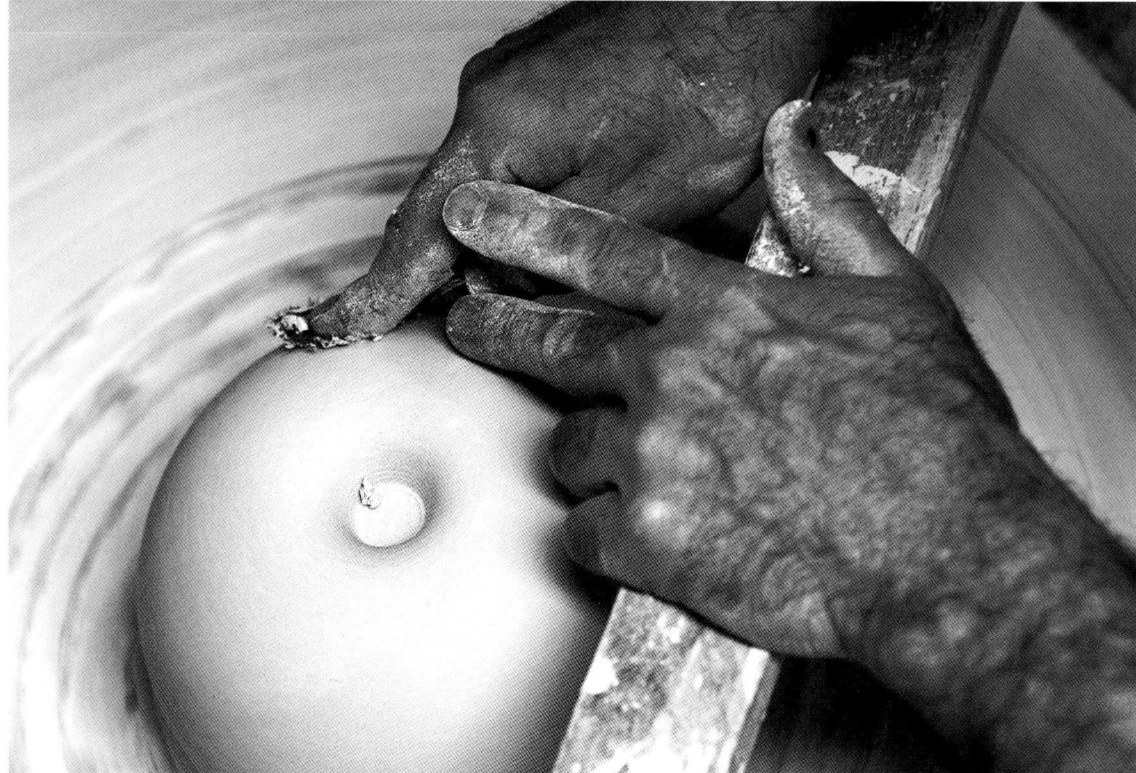

**设计公司：** photoAlquimia
**设计师：** Pilar Balsalobre、Carlos Jiménez
**摄影：** Alquimia Design Studio

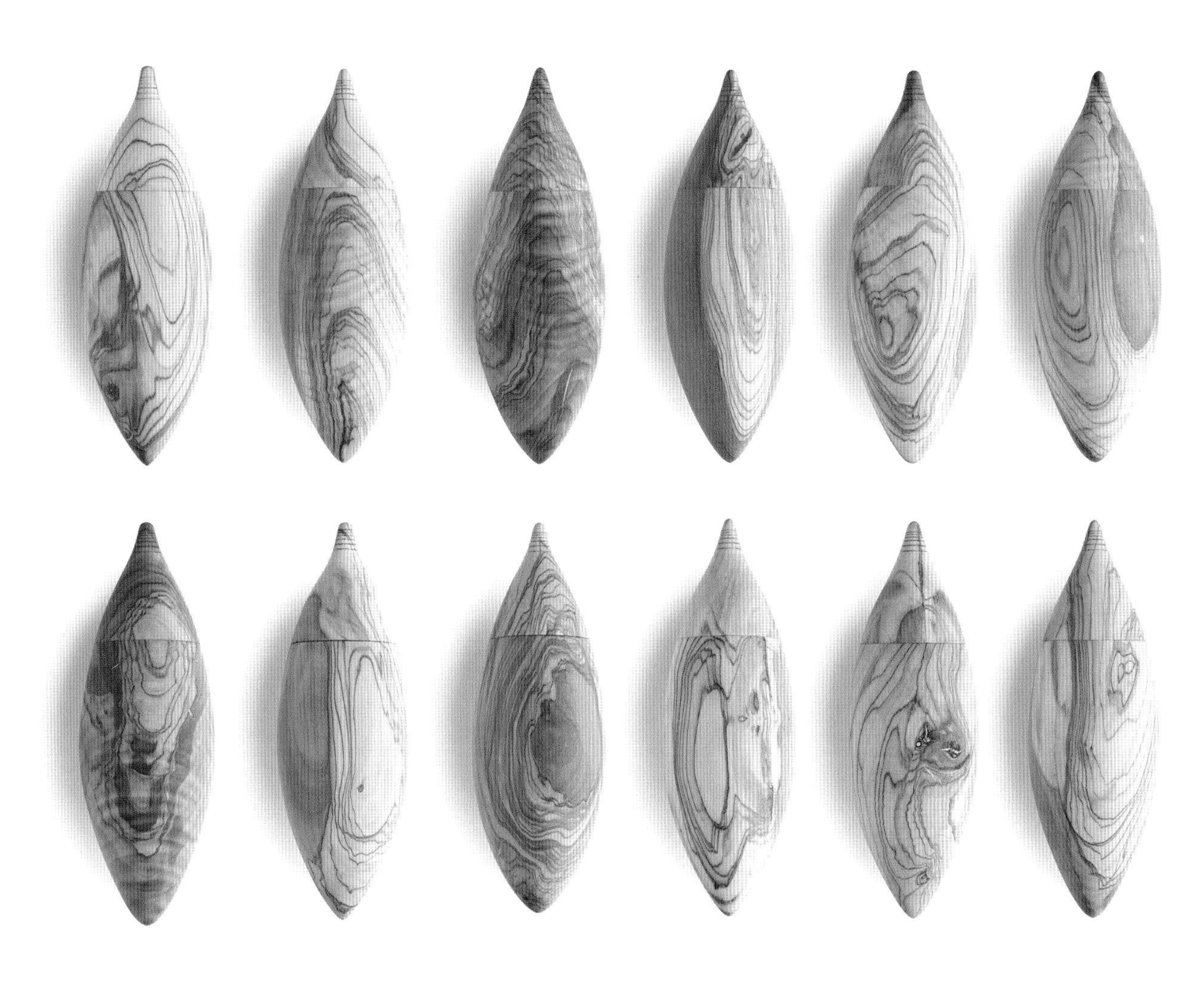

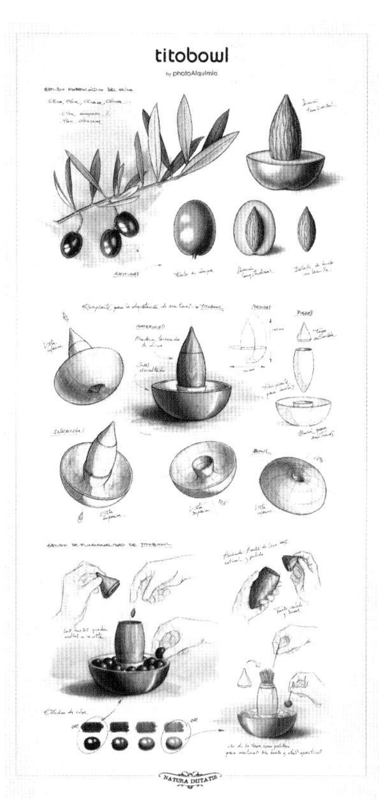


**获奖**

**—国际设计大赛，最佳实践奖。**

2015 年西班牙巴塞罗那，获“空间、产品和服务”类别的最佳实践奖。

**—设计大赛奖**

2015 年 4 月意大利米兰，在烘焙用品、餐具、饮料和炊具设计类别中获得“设计奖金奖”。

# Ommo 品牌

Diga、 Koma 和 Torus 是为 Ommo 设计的三种厨房用具，Ommo 是一个全新的设计品牌，在 2016 年 2 月的 Ambiente show 上推出。产品以极简主义为特色，集鲜艳色彩、不锈钢、哑光塑料材质，以及抽象形状和曲线线条于一身，这些产品设计得非常实用，使用起来方便有趣。

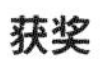

**获奖**

**—优良设计奖 (Good Design Award)**

Diga 和 Torus 获得 2016 年优良设计奖 (Good Design Award)

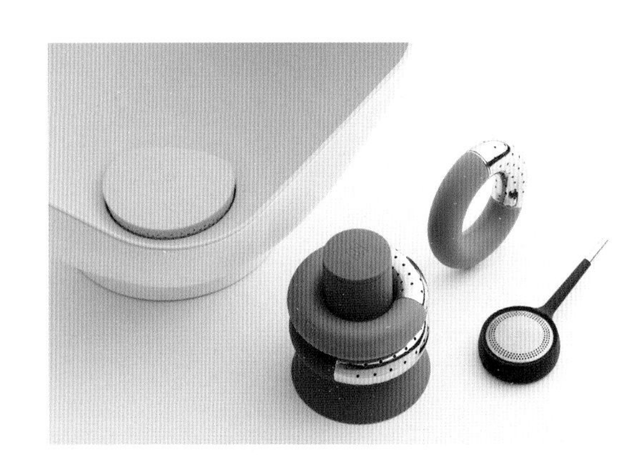

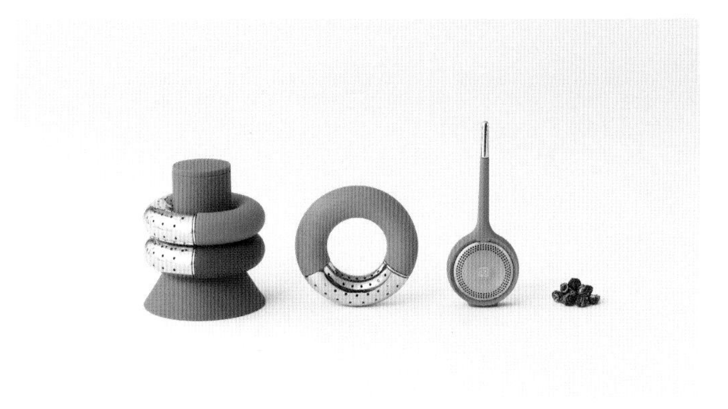

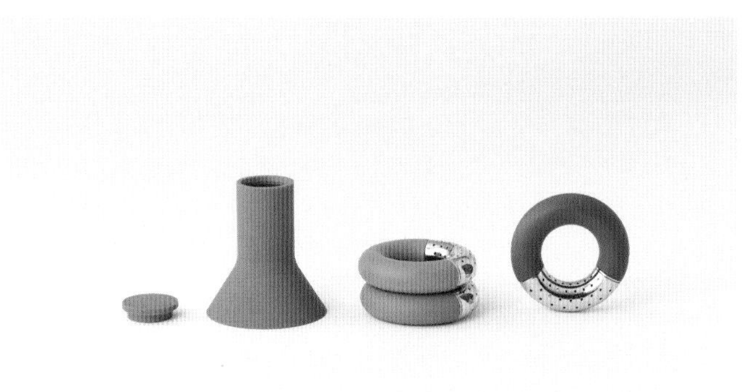

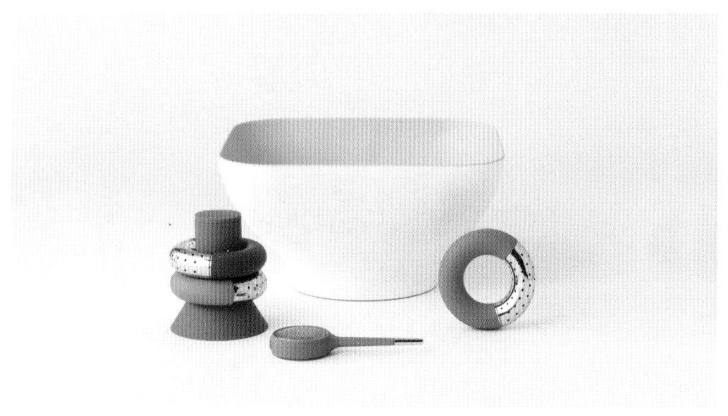

**设计公司：**Ponti Design Studio Limited

# EM77 保温水壶

这款带有独特螺旋瓶塞的保温水壶是由 Erik Magnussen 设计的，是 Stelton 最畅销的设计之一。除了螺旋瓶塞，它还有一个滑盖。这是 ABS 塑料版本，也有不锈钢和软涂层版本。近年来，它已经成为一个时尚的标志，每年春天和秋天都会推出充满活力的新颜色。

### 获奖

丹麦设计奖(经典类别，2007 年)，1992 年 iF 设计奖和 1977 年 ID 奖。

**设计师：**Erik Magnussen
**品牌：**Stelton

# Emma 茶杯

获奖的 Emma 系列以其惹眼的设计丰富了茶桌与咖啡桌，美化了日常生活。该系列的特点是简单有力的线条，并且仍然专注于产品的形式和功能。钢、木、瓷器的创新组合成为茶和咖啡桌上新的设计经典。

**设计公司：**HolmbäckNordentoft

简约、考究和雅致，是这个由国际著名设计师 Mikaela Dörfel 设计的漂亮糖果盒的特色。糖果盒用途多样，可以装糖果、珠宝或钥匙等。Peak 糖果盒制作考究，以拉丝黄铜镀面，可以用来装饰桌子、床头柜或书架。紧凑的设计、连贯的线条和糖果盒上突兀有趣的盖子形成了鲜明的对比。

**设计师：**Mikaela Dörfel

# Theo 托盘

由 Francis Cayouette 设计的获奖作品 Theo 系列，现在有一款用上等竹子制成的托盘，它的出现让这个系列更加完整。

Theo 系列的设计目的就是用它的审美反差来刺激感官。黑色的瓷器和竹子将现代的设计和传感材料组合，这个托盘使你的摆设看起来整齐如一。

它获得了国际设计奖，2015 年 IF 设计奖。

**设计师：**Francis Cayouette

设计师：Stelton

# MatreshKit 厨房用品四件套

MatreshKit 厨房用品由 4 个容器组成，每个容器的外形都像是一个憨态可掬的娃娃，每个“娃娃”都可以用不同的颜色和材料制作，如哑光塑料、金属和木材等。可以在塑料和金属娃娃身上绘制原始的花纹图案。它可以轻松的组合和拆卸，不管选择什么材料，都能防止在结构内部溢出过多的碎末（每种材料都有它自己最佳的技术支持）。

俄罗斯套娃的造型设计完美贴合手部形状，解决滑落的烦恼。

瓶身上的雕刻，有助于区分容器内的物体，是盐（S）还是胡椒等。

这套产品适用于各种风格的室内设计，从普罗旺斯式厨房到高科技现代风格的厨房。

产品包括：
—胡椒研磨器，14 cm
—食用盐研磨器，12 cm
—牙签盒，9 cm
—厨房计时器，6 cm

底部加厚设计更加稳固。

5 分钟计时器

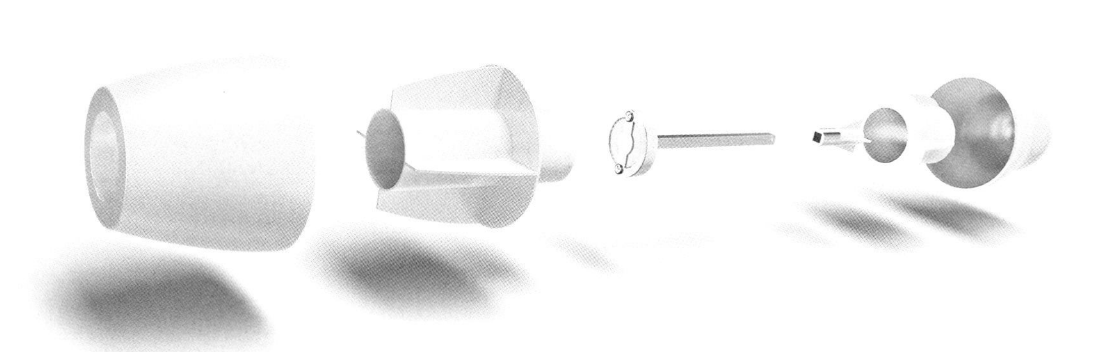

**设计公司：**Const Lab
**艺术指导：**Vitaly Konstantinov

WRITE ON!
Decorating tool
HAPPY
BIRTHDAY!
BISCUT

# 工具

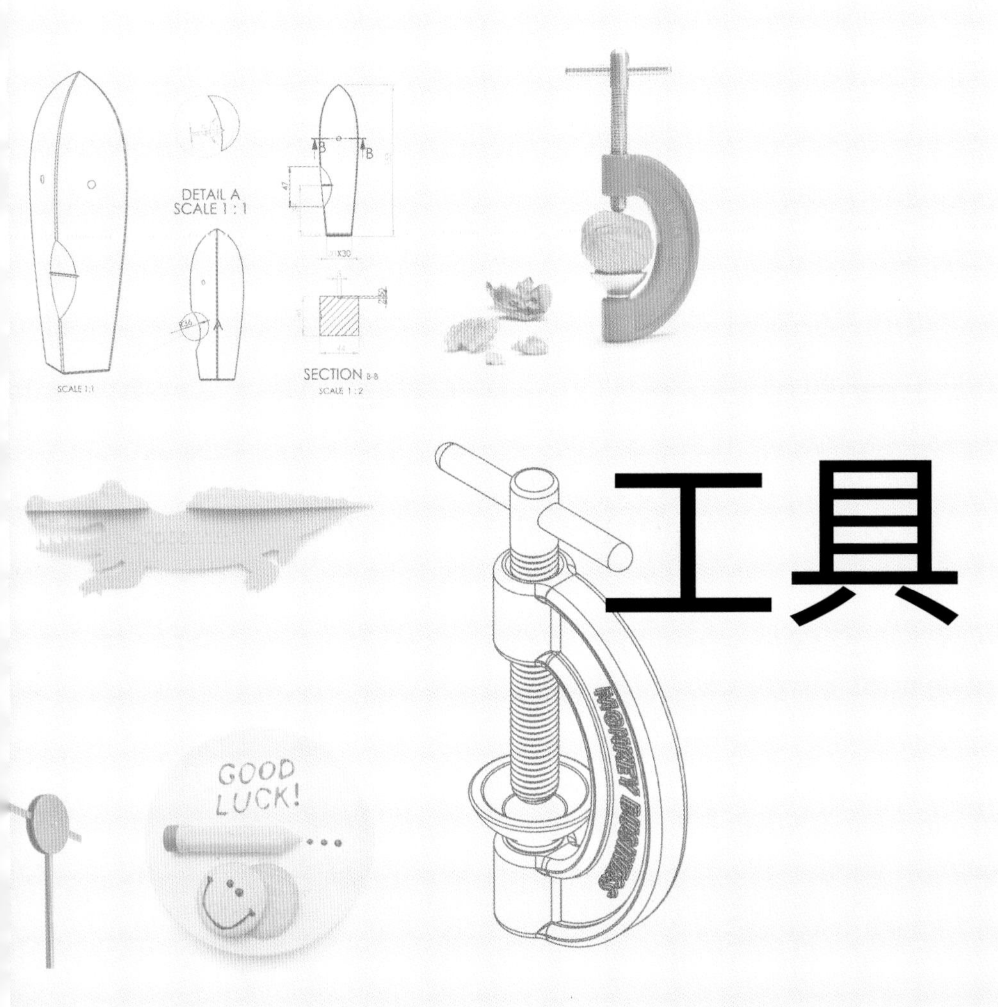

# 不平衡

“不平衡”是 Alessandro Zambelli 为 Secondome 画廊做的最新设计，即便是最小的碰撞，甚至是呼吸，都可以影响到它。一旦被触碰，有节奏的摇摆就会不可避免地扩散到最外面的部分，然后又慢慢回到静止状态。该装置的运动没有任何机械性，其驱动力是惯性，就像树枝和树叶一样，依靠自然的力量在风中摇摆。

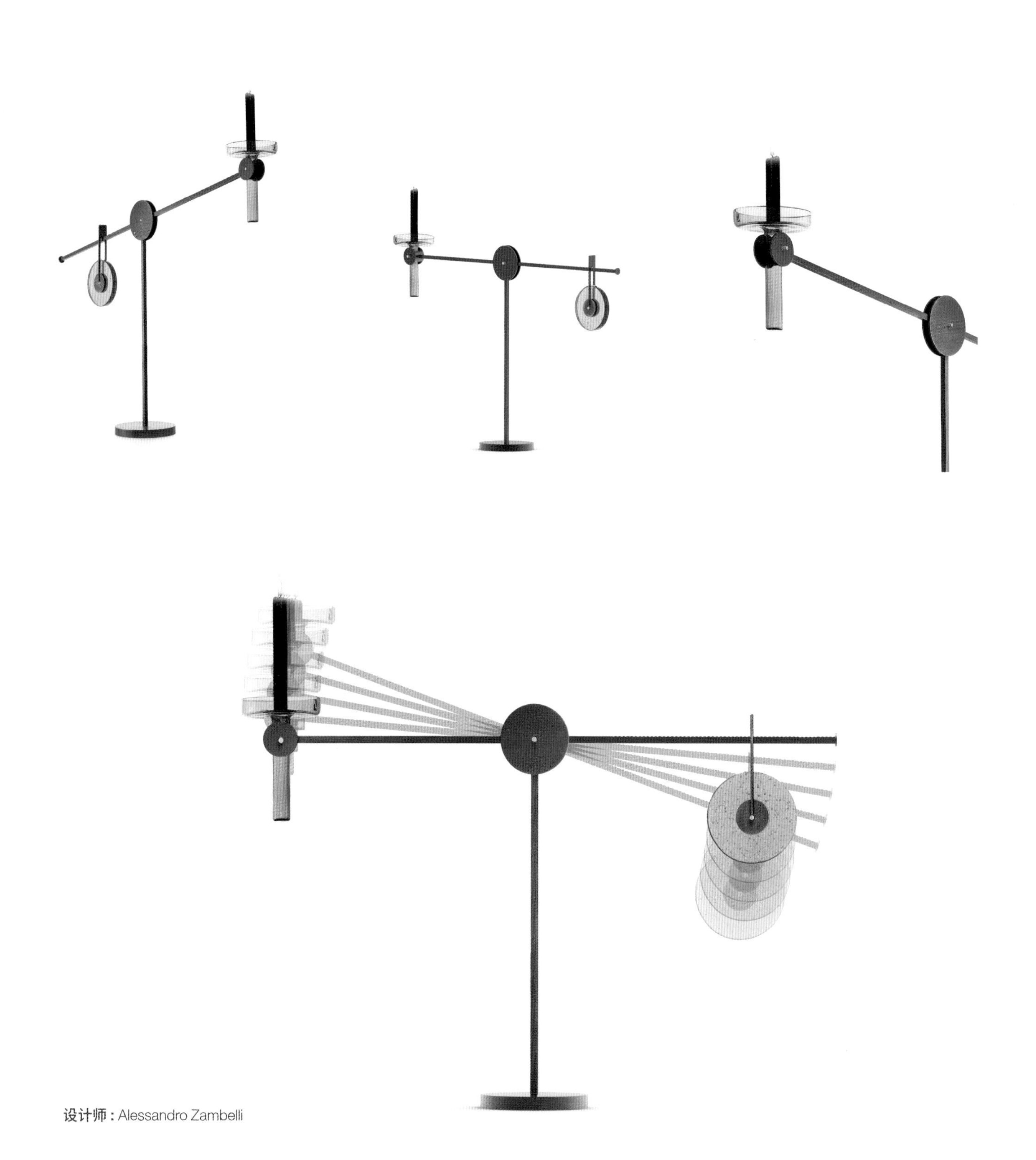

**设计师：**Alessandro Zambelli

# Airpouf 吸尘器 / 椅子

对于真空吸尘器来说，它们一直处在尴尬的境况，虽然它们是必不可少的电器，但很难被认为是舒适的东西。因为它们通常都很笨重，产生的噪音也较大。Lorenzo Damiani 不断对吸尘器形状与功能进行研究，然后设计出了 Airpouf。

Airpouf 吸尘器用柔软的材料包覆，圆而舒适，方便移动，既可以当成沙发旁边的小座椅，也可以当成吸尘器。

Airpouf 的内部隐藏了一个 1 700 瓦的电力真空吸尘器，在钢和树脂的材料里，有软管和可互换的配件。它的衬垫是用冷压的聚氨酯泡沫填充的，上面覆盖着彩色的莱卡。吸尘器上的小球是空气阀，既好玩又有一点神奇——当真空吸尘器打开的时候，它会漂浮在空气中，产生一种意想不到的效果，极具童趣。

**设计公司：**Campeggi Srl
**设计师：**Lorenzo Damiani

**摄影：**Lorenzo Damiani

# Bruce 榨汁器

你可能会觉得 Bruce 的外形很搞笑，但它并非华而不实，还可以榨汁。首先插入柠檬、橘子、葡萄柚，然后旋转扭曲，直到最后一滴都被榨取出来。

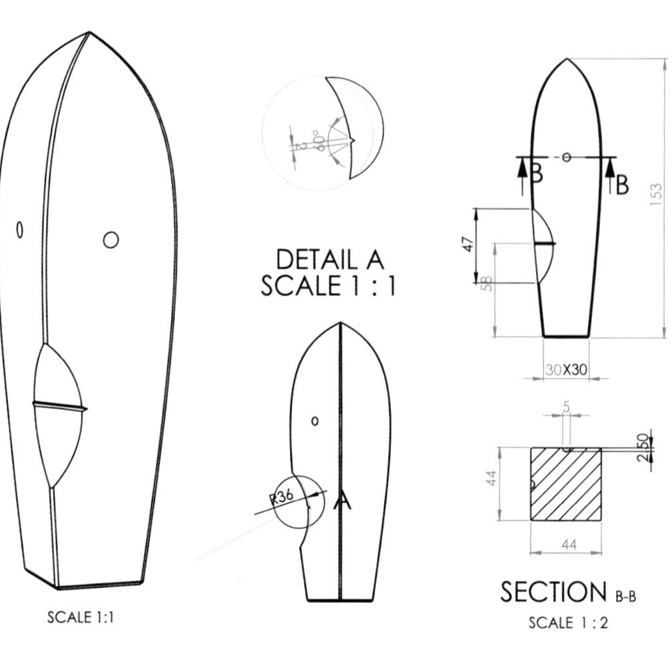


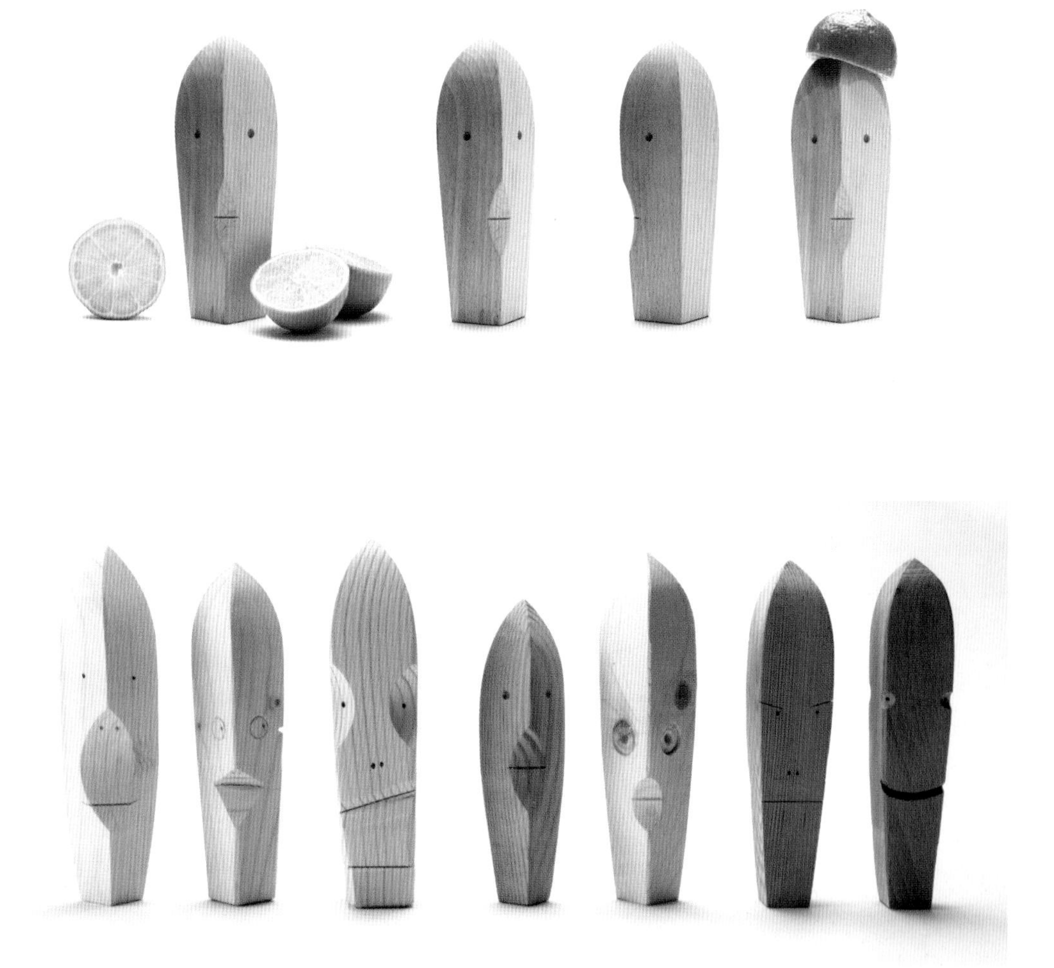

**设计公司：**Monkey Business

# Fitcut Curve 剪刀

剪刀使用新开发的 Bernoulli Curve 刀片，在切割范围内保持理想的刀片角度 (30 度 )。它的切割质量是传统剪刀的三倍，与物品稳稳地贴合，就可以很容易地剪纸片，还可以剪瓦楞纸板、PET 瓶或牛奶盒。热塑性橡胶包裹的剪刀把也可以减轻手和手指的负担。

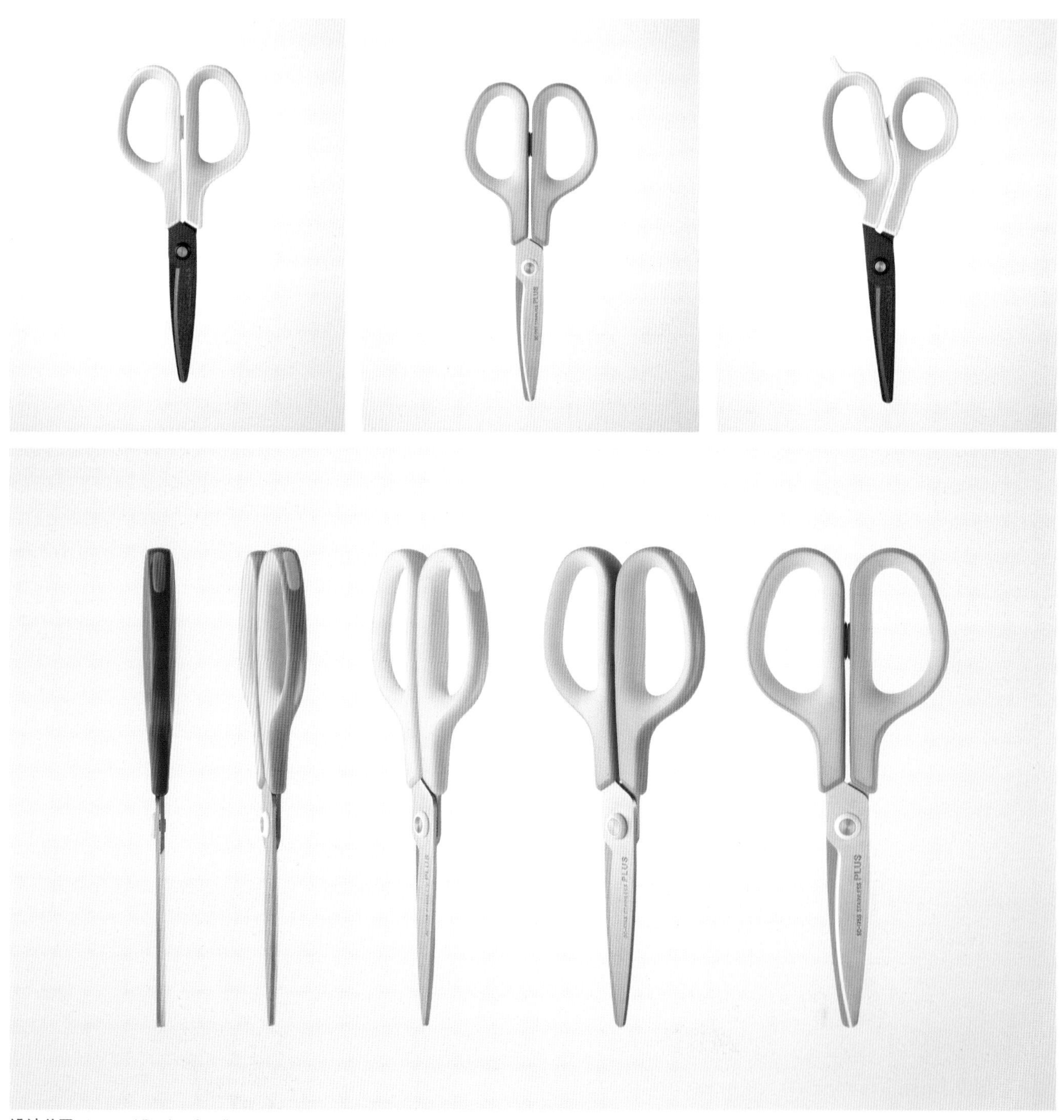


**设计公司 :** Iwasaki Design Studio
**设计师 :** Ichiro Iwasaki

# 核桃夹子

核桃夹子的灵感来自许多杂工和工匠的作坊。与大多数核桃夹子不同的是，这种设计可以缓慢、渐进地按压，更容易打开坚果。

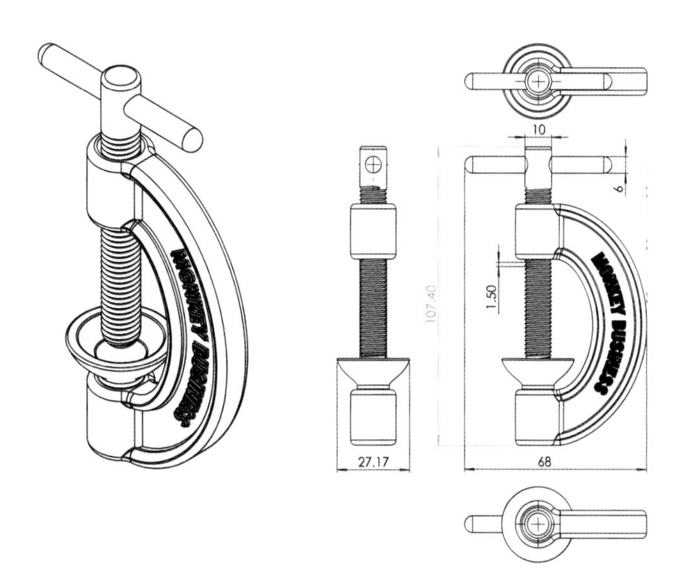

设计公司：Monkey Business

# Write on

蛋糕、曲奇饼、煎饼等的创意装饰。

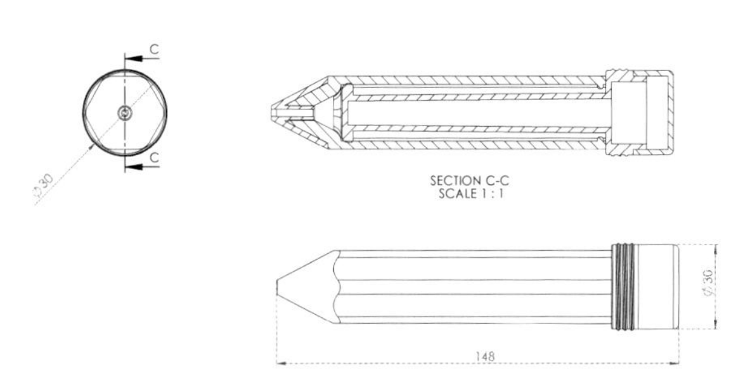


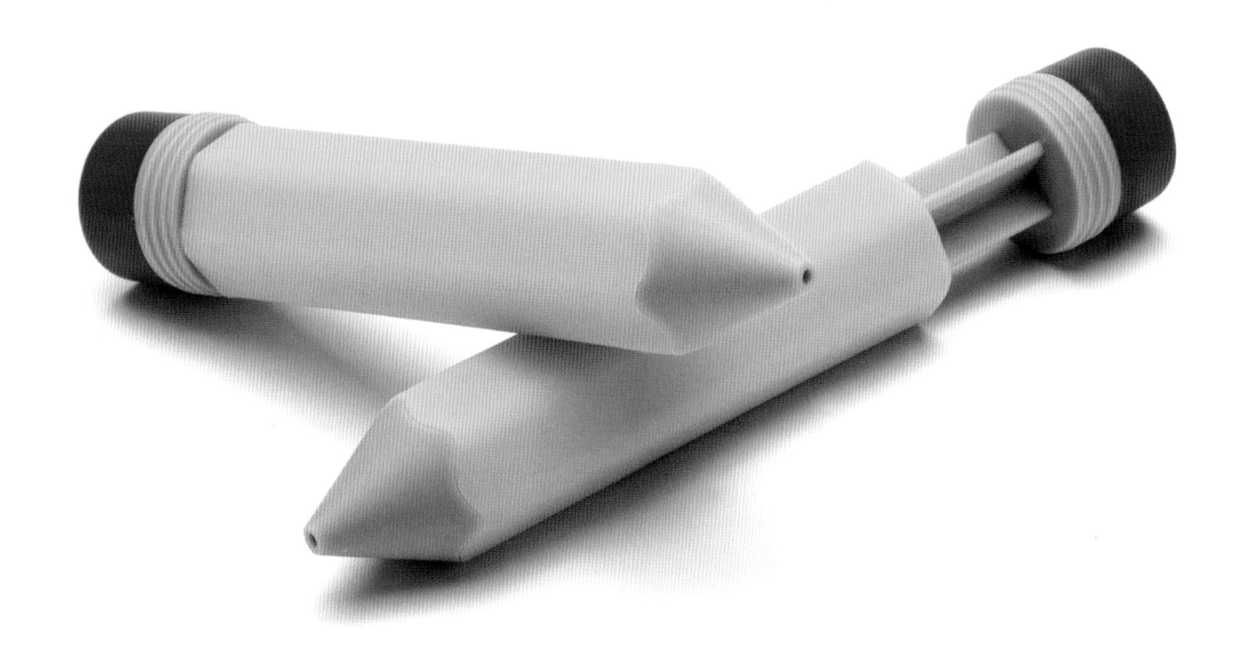

**设计公司：**Monkey Business
**设计师：**Avichai Tadmor

GOOD
LUCK!
SMILE
Happy
Birthday!!!
Happy
Birthday!!!
HAPPY
BIRTHDAY!
HAPPY
BIRTHDAY!

# 饼干曲奇模型切刀

这种独特的饼干切刀会把面团变成一小块的美味的曲奇或饼干，并且完全没有浪费。把它碾在压扁的面团上，制造出切割的痕迹，然后进行烘烤，就大功告成了！简单的烘焙，也变得极具趣味。

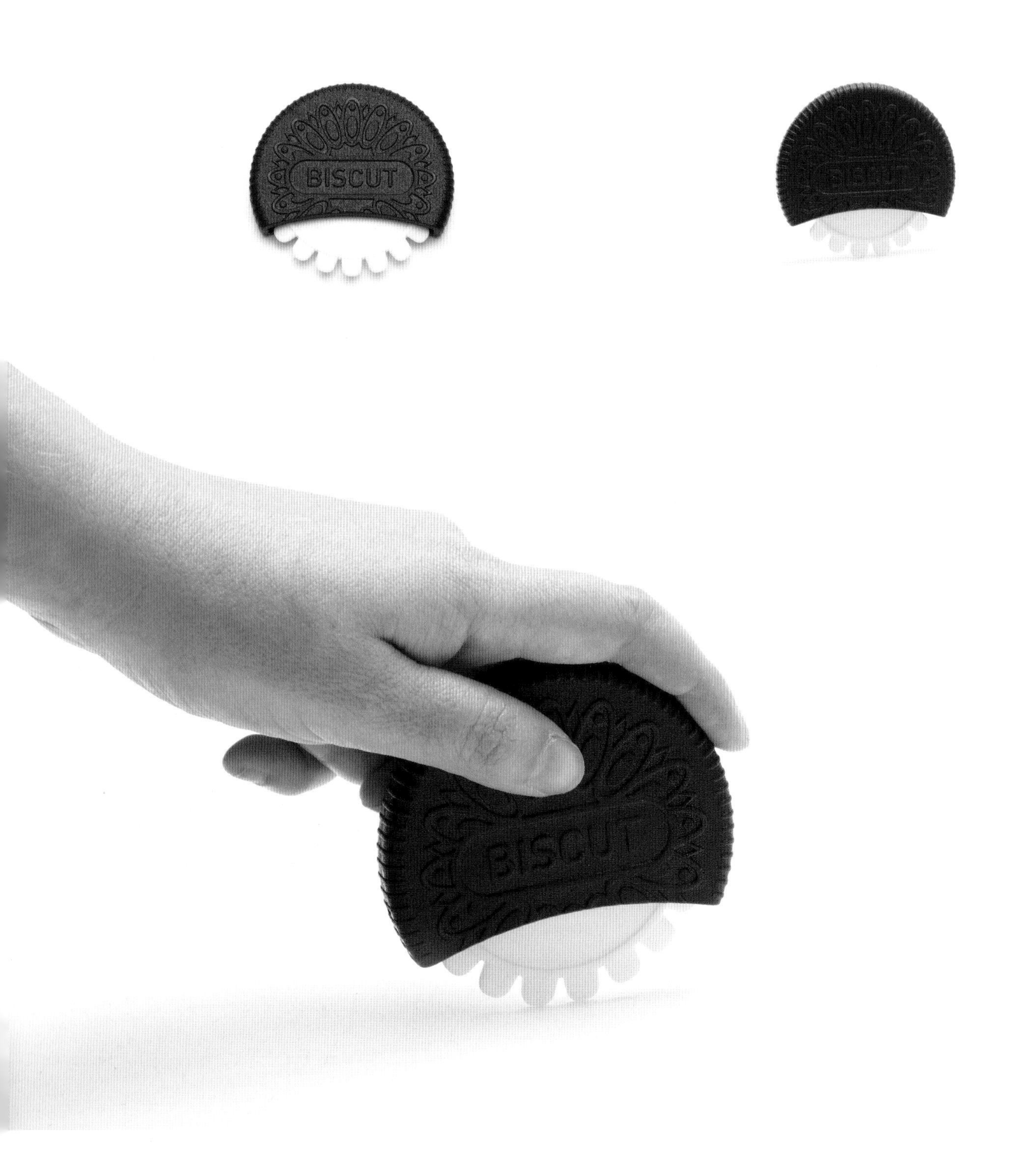


**设计公司：**Peleg Design

BISCUIT
1Kg

# Cooklet 厨房平板电脑支架

用这个方便的平板电脑支架，烹饪变得更容易了。你的手机、平板电脑、kindle 或其他设备上的食谱清晰地显示出来，这样你就可以轻松地烹饪了。用完挂在厨房的架子上就好。

设计公司：Peleg Design

# Crocomark 鳄鱼书签

当心！在书页之间的深处，有 Crocomark。这只鳄鱼形状的书签会静静地等待合适的时机，把你拉回故事里。

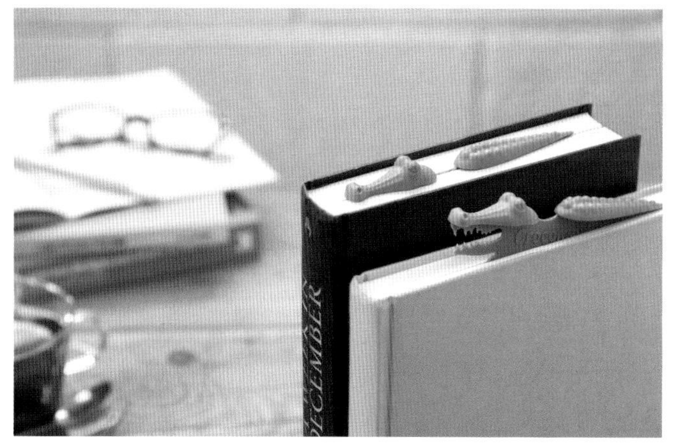


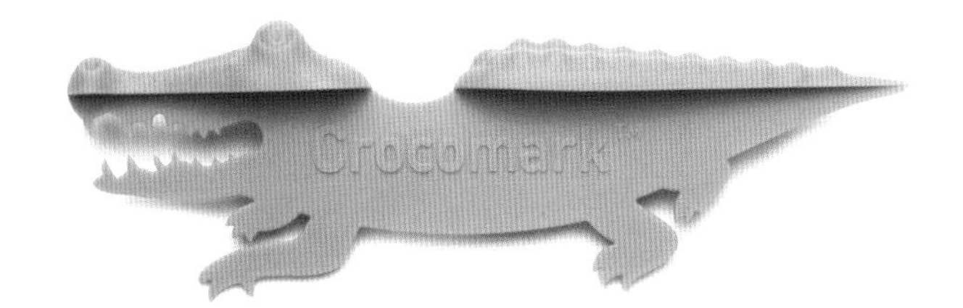

**设计公司：**Peleg Design
**材质：**塑料

## YolkFrog 鸡蛋分离器

亲吻这只青蛙不会让它变成王子，但只要挤一挤，鸡蛋就会发生奇迹。它可以很容易地将蛋黄与蛋清分离，这并不是童话哦。

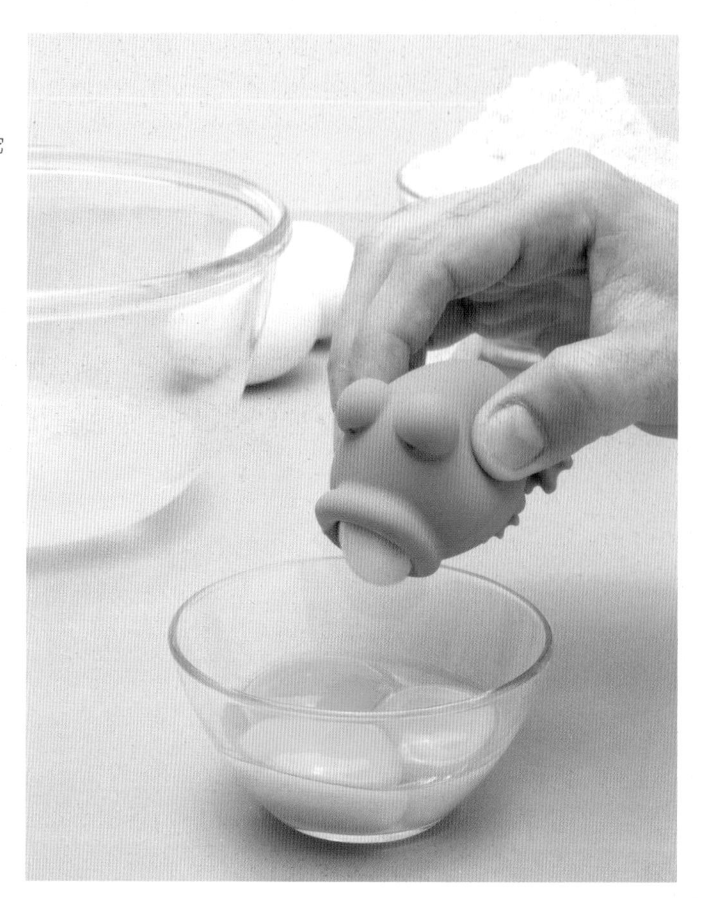

**设计公司：**Peleg Design

# Hardanger 研磨机

香料研磨机的设计放在架子上兼具功能性和美观性，用于烹饪和桌面装饰。我猜每个人都有这样的经历，当你想要把胡椒填满研磨机的时候，可能落到厨房里到处都是，这种状况可以通过一个漏斗式的开口来解决，用一个软盖子盖住，这样也能很好的抓握。

**设计师：**Per Finne
**摄影：**Per Finne

DESIGN: PER FINNE

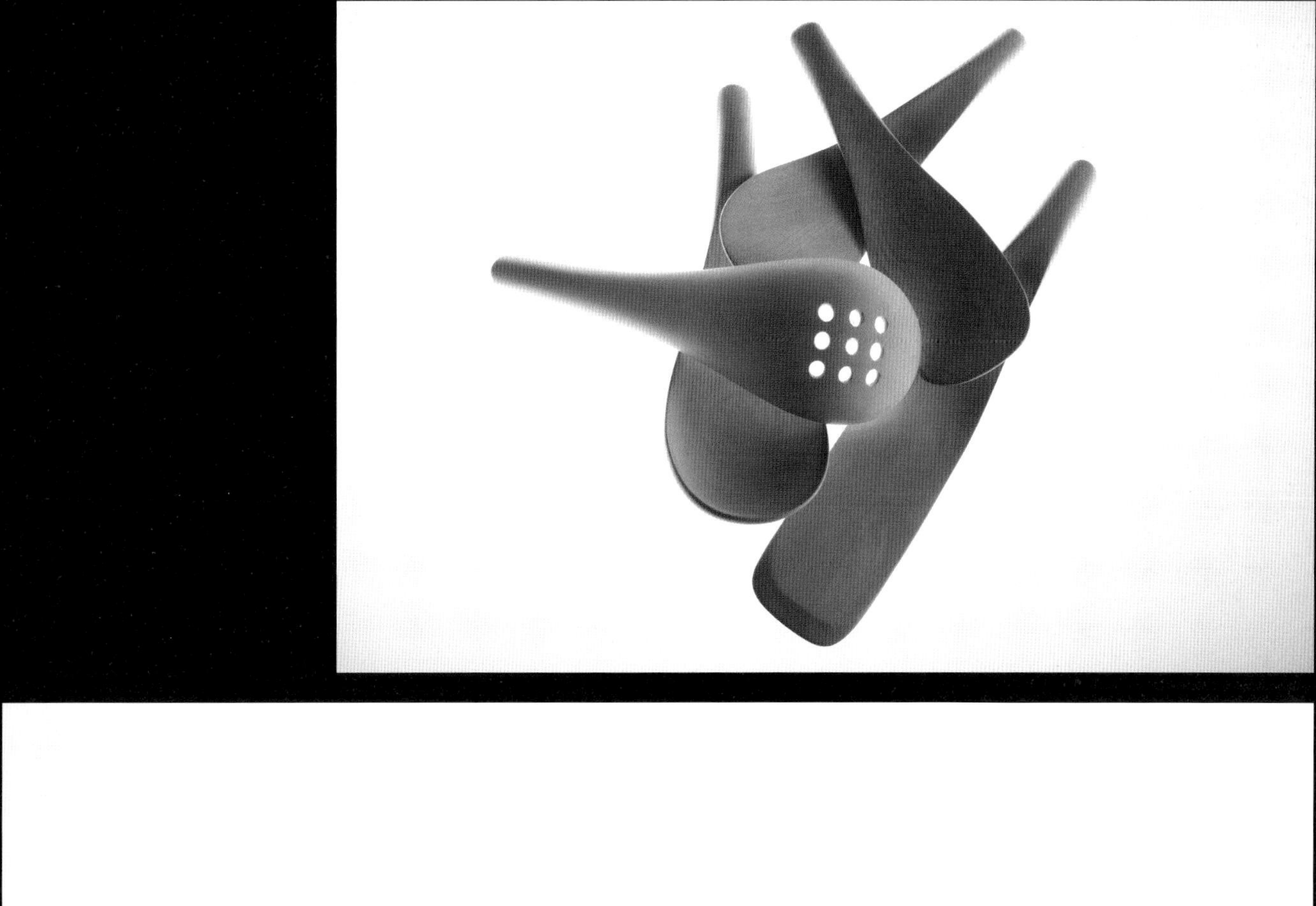

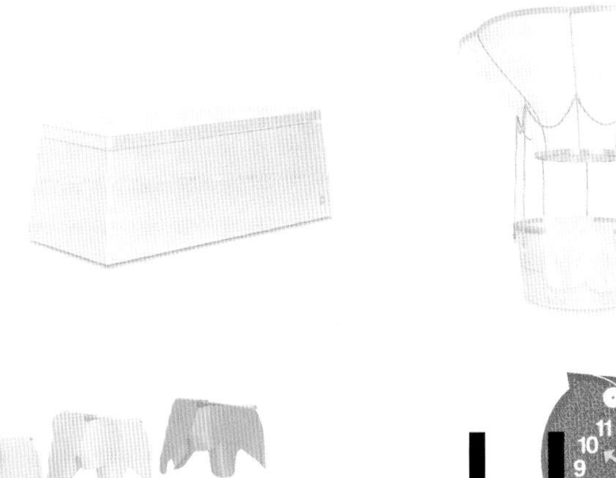

# 儿童家具

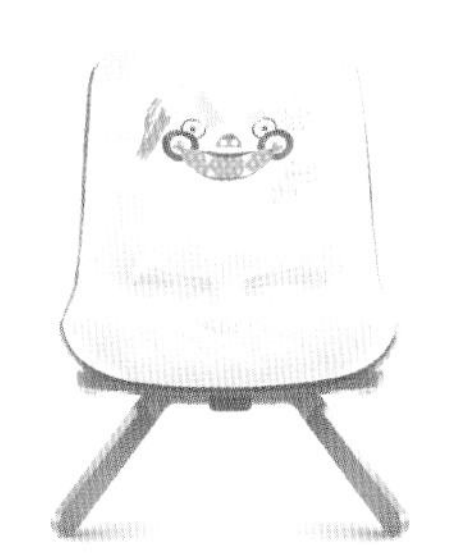

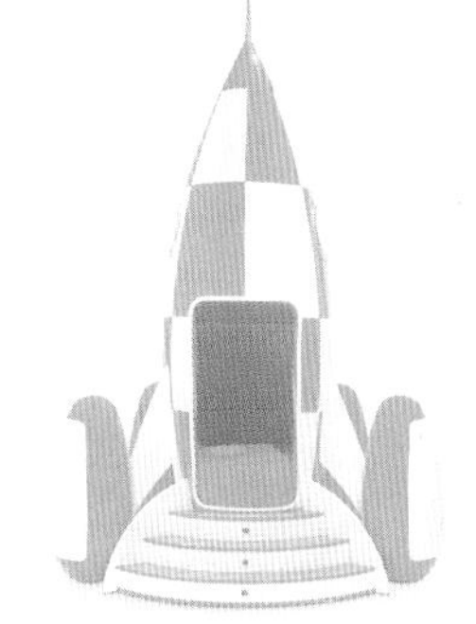

# Bun Van 多功能巴士床

Bun Van 是一张床，由 CIRCU 改造。它给房间带来一些乐趣和想象！灵感来自象征乐趣和自由的汽车，这是有史以来最引人注目的汽车之一。很少有其他车辆这么引人注目，让然联想到自由、冒险和开放的道路。以玻璃纤维和镀铬材质打造的 Bun Van，内部则由檀木或是客制化材质装饰，由几个储物柜、一张床、一个电视、一个书桌、一个迷你酒吧和一个沙发组成。

**设计师：**André Oliveira
**品牌：**CIRCU

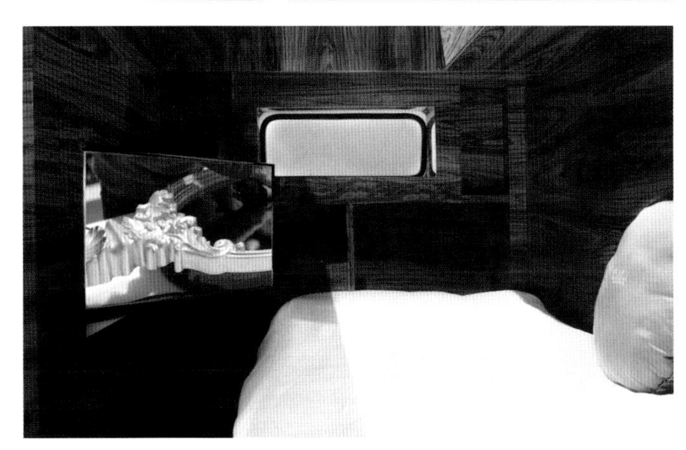

# MAGIS 大小椅子

MAGIS 大小椅子是为 2~6 岁的孩子设计的，可以放在幼儿园或家里。这款椅子选用轻型塑料座椅外壳，下部为木质框架。其特色在于它有三种高度可以调节，可以一直伴随着孩子的成长。

**设计公司：**BIG-GAME

# 梦幻气球儿童床

Air Balloon，灵感来自冒险世界，是为孩子设计的一件完美作品，让他们去梦想，使他们快乐！这张床也可以定制。当他们长大后，这个婴儿床可以变成一个青少年的沙发。因为有很大的存储空间，所以可以让孩子的房间更加整齐。这件作品的底部是用最好的织编工艺技术制作的。这种手工制作给这件作品带来了特殊的触感。

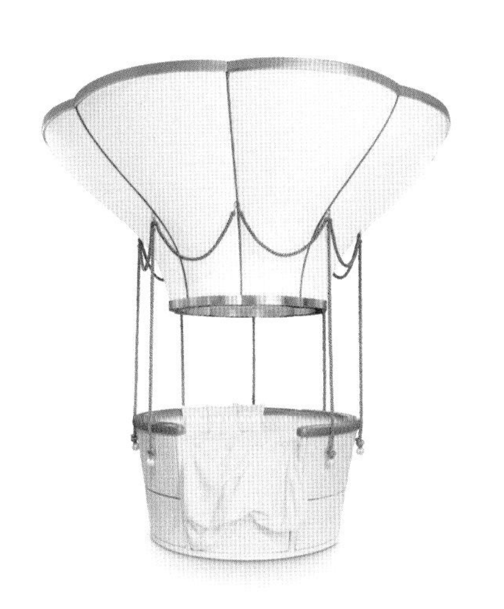

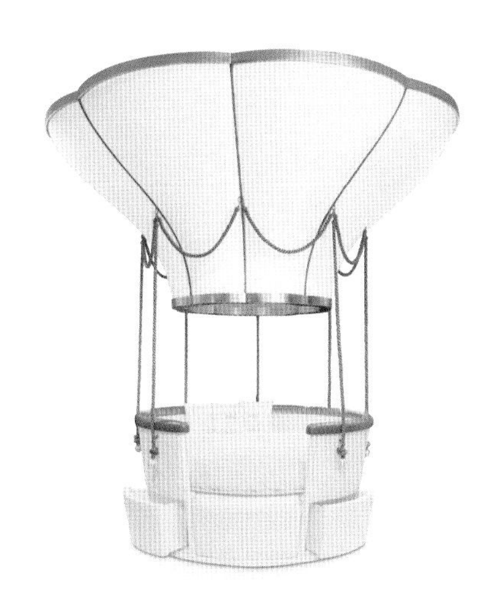

**设计师：**André Oliveira
**品牌：**CIRCU

# 美人鱼床

美人鱼床是一张贝壳形的床。贝壳是用来保护小珍珠的，使它们免受大自然的侵袭。这张公主床也会保护你的小女孩，让她幻想自己是海底公主。这件作品是用玻璃纤维制作的，漆上珍珠的颜色，里面配有照明设备。

**设计师：**André Oliveira
**品牌：**CIRCU

# Rocky Rocket 扶手椅

Rocky Rocket 是手工制作的杰作。外部是用玻璃纤维做的，并用一种 masc 颜料来涂饰这些方格，内饰由红色天鹅绒制成。它配有一个灯光和声音系统。灯光和声音系统由一个移动应用程序 (llight) 控制，设有音乐选择、灯光效果和睡眠时间等选项。

**设计师：**André Oliveira
**品牌：**CIRCU

# 飞机床

起飞离开！飞到天上来一场航空冒险。“Sky B Plane”是受迪士尼电影飞机的启发而设计的一张床，电影里面 Leadbottom 是一架旧双翼飞机，也是一个满腹牢骚的工头。他有太多的庄稼要喷洒，每天的时间不够用。对 Leadbottom 来说，工作第一，然后是更多的工作。飞机床给小飞行员的卧室带来一点飞行灵感。

具有创意和趣味的设计，让“Sky B Plane”飞机床完成了从婴儿床到床的过渡。装饰的箱子是储物箱，让孩子在飞机上爬上爬下，自由翱翔于天空中！有些孩子天生就爱飞行。

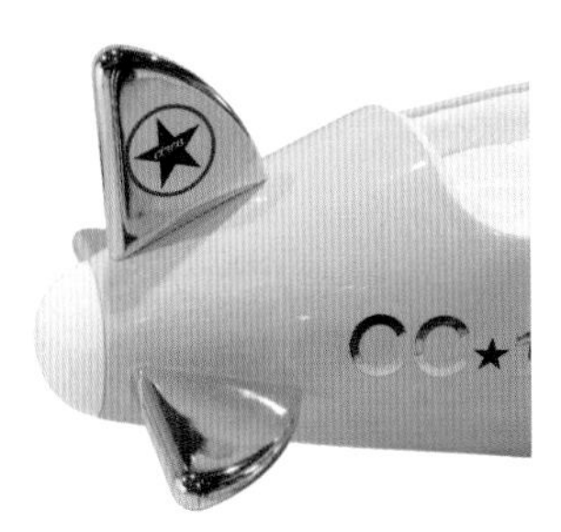

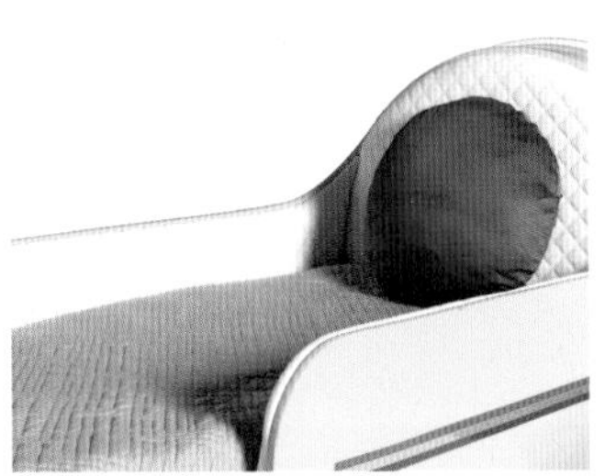

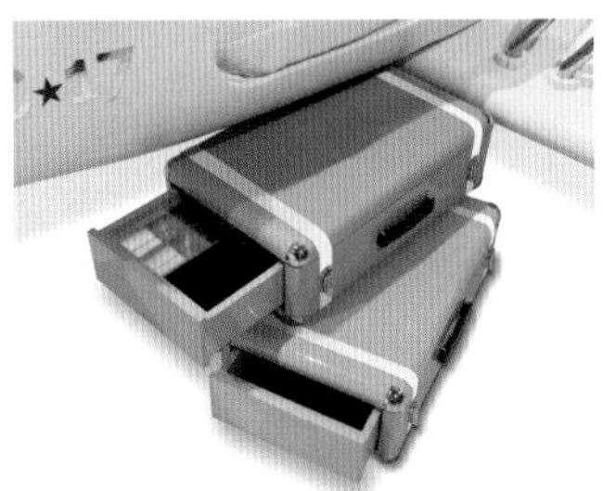

**设计师：**André Oliveira
**品牌：**CIRCU

# 玩具箱

所有的父母都知道，在孩子们的房间里，额外的储存空间总是有用的，这就是 CIRCU 创造这个有价值的玩具箱的原因。玩具箱系列的灵感来自世界上最富有的鸭子——Scrooge McDuck 的冒险故事。

**设计师：** André Oliveira
**品牌：** CIRCU

# FLY 灯

这款必备灯具，以“对主题的微妙解释”为特点，由透明的甲基丙烯酸酯制成。外壳是不完美的半球形，但也能聚集更多的光。材料具有的特殊透明度和色彩产生的光泽，让人想起了光照下彩虹色的肥皂泡。

**设计公司：**Kartell

# Louis 魔鬼椅

这款舒适的扶手椅由透明和彩色的聚碳酸酯制作而成，有着法国路易十五世时期的风格，是巴洛克风格的精髓，绚烂夺目，让人兴奋和着迷。Louis 魔鬼椅采用极为大胆的制作方法，在单一模具中注入聚碳酸酯。尽管它的外观像是一种易消散的水晶，但它的稳定性、耐用性、防震性和耐候性也很高。这件产品魅力无穷，视觉上也极具吸引力，可以给任何风格的家庭或公共场所带来了一种优雅之感。

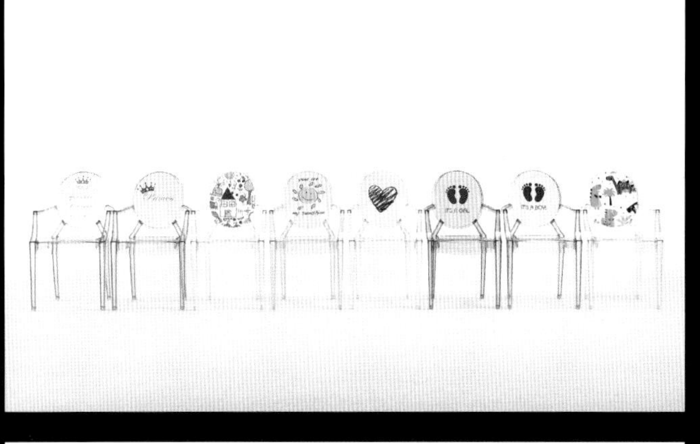

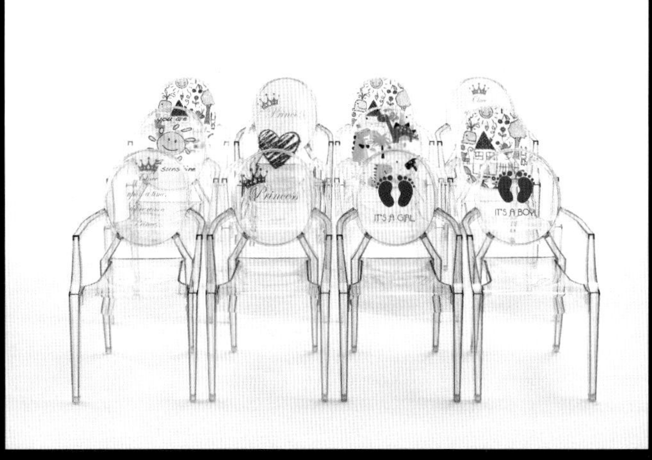

**设计公司：**Kartell

# Bouncer 婴儿椅

坚韧的木质底座和雕刻的塑料外壳完美地支撑着孩子任何弹跳活动——从节奏缓慢到剧烈。座椅和柔软的安全带保护着孩子，确保每一次的摇摆活动安全和舒适。可拆卸的结构便于清洗。

设计师：Marcel Wanders
品牌：CYBEX

# 家猪储物箱

让孩子的想象力体现在这个可拆卸的储物猪上，还有一个可以挪动的鼻子。这只结实的塑料动物各个方面都很可爱，它能让孩子们骑在背上，并且可以抓住它的耳朵作为扶手，臀部有优雅的花纹，这款讨人喜欢的猪适合时尚的家居环境。做完游戏，就可以把玩具放在小猪的肚子里，再玩的时候再拿出来。

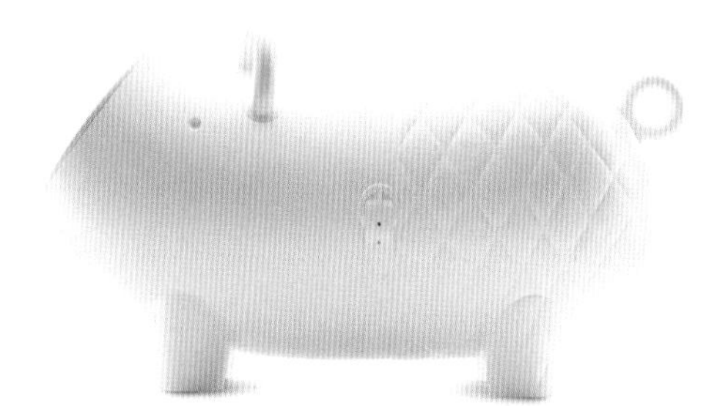

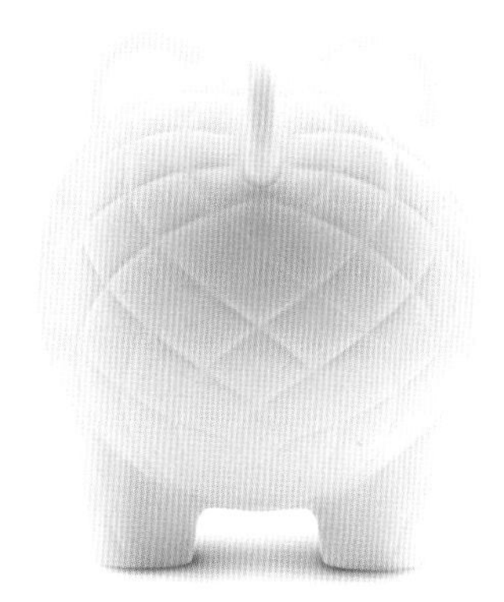

**设计师：**Marcel Wanders
**品牌：**CYBEX

## 高脚餐椅

使用这款标志性的木质高脚餐椅，让孩子的每顿饭都愉悦而难忘。精心的设计，舒适并具风格化。适用于6个月至3岁宝宝(15公斤)，具有可移动放零食、玩具的托盘和可移动的安全杆。此外，脚板还可以调整到最佳的高度，这样你的孩子就会很舒适。这款高脚椅由山毛榉框架、镀铬钢部件以及人体工程学、耐用的塑料阀座外壳组合而成，奢华的靠垫上，装饰了标志性的花纹。进餐时间也可以变得如此时尚。

**设计师：**Marcel Wanders
**品牌：**CYBEX

# 摇椅

当你把孩子放在这个现代风格的摇椅中，就可以享受幸福的时刻了。这款标志性的椅子，有着坚实的木质底座和雕刻的外壳，适合任何家居风格。座椅可以用来休息，这种框架几乎不费力就能非常平滑的摇摆。舒适的座椅可以哄孩子进入梦乡，而柔软的安全带则可以起到保护的作用。

**设计师：**Marcel Wanders
**品牌：**CYBEX

# 怪兽玩具

这些巧妙精美的手工木偶激发了每一个孩子的想象力和好奇心。这些怪兽很时尚，也很好玩，将我们带入最奇妙的旅途中。

**设计师：**Marcel Wanders
**品牌：**CYBEX

# Glücksstuhl 儿童椅

Glücksstuhl 是一款专为儿童设计的椅子，适合 1 岁及 1 岁以上的宝宝。这款儿童椅也是带有木制轮子的滑板车，具有乘骑的功能，还有一个涂鸦板。它有一个用来装秘密的抽屉，还有两个用来藏东西的小洞。

**设计师：**Francesco Monaco
**摄影：**Jose Luis De Lara

**品牌：**NIMIO

# TOLDINA 系列 MINI RC 儿童摇椅

TOLDINA 是躺椅和摇椅系列，由木质结构（自然的松木或天然山毛榉木）和颜色、图案不同的遮阳篷构成。MINI RC 是儿童摇椅。

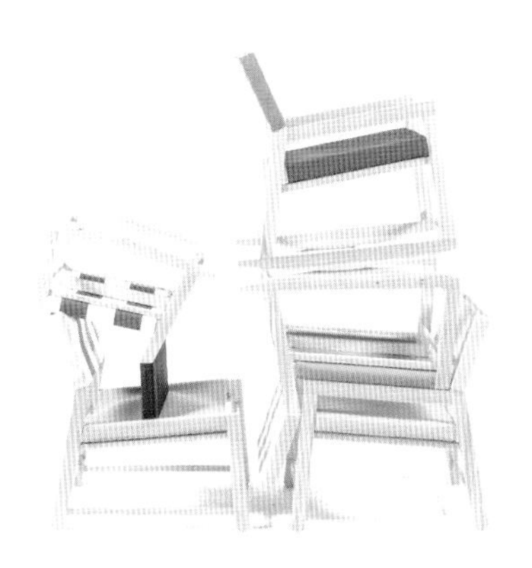

设计师：Francesco Monaco
摄影：Jose Luis De Lara

品牌：NIMIO

## 海象系列

NIMIO 的海象系列：两个儿童凳子和一张儿童桌子，将孩子们的想象力与坚实、快乐和抽象的形状结合在一起。

大海象凳子是用坚固的桦木板手工制作的。它们每一面都涂了颜色，有三种受欢迎的组合。你可以沉浸在多彩的世界里，因为不可能同时看到两边，所以海象每次都可以变化并且适应你的需求。

**设计师：**Francesco Monaco
**摄影：**Jose Luis De Lara

**品牌：**NIMIO

# Eames 大象

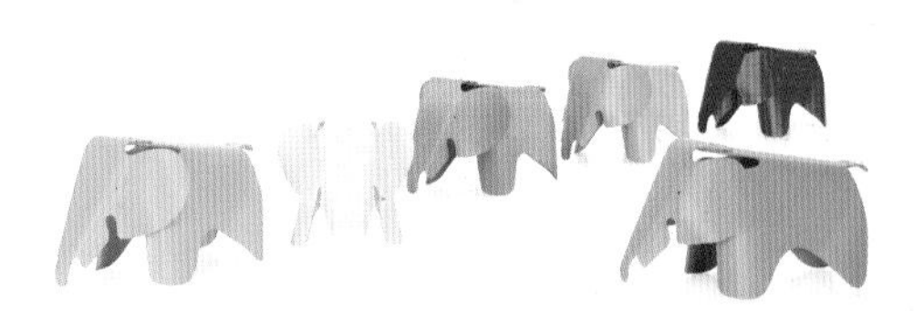

几乎没有其他动物像大象那么受欢迎。大象因其庞大的体型和温和的天性而受到人们的喜爱，它作为毛绒玩具、故事书里的角色或文章动物每天都出现在我们生活中。Charles 和 Ray Eames 也屈服于大象的魅力，并在 1945 年发明了一种由胶合板制成的玩具大象。

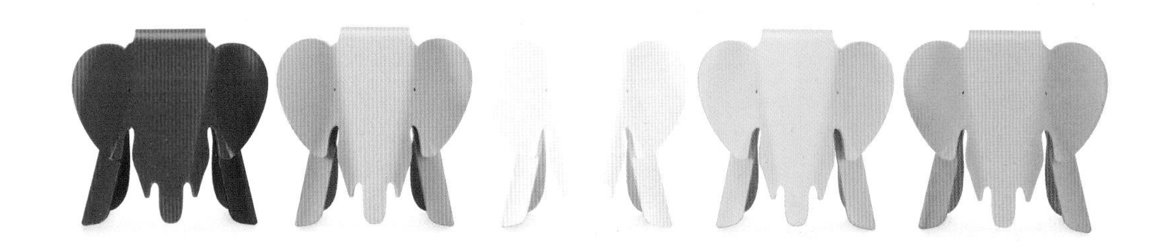

**设计师：**Charles & Ray Eames
**品牌：**Vitra

# 木制玩偶

与 Charles、Ray Eames 和 George Nelson 一样，Alexander Girard 也是第二次世界大战后美国设计的领军人物之一。他的作品主要集中在纺织品设计上，灵感来源于他对南美、亚洲和东欧的民间艺术的热爱。

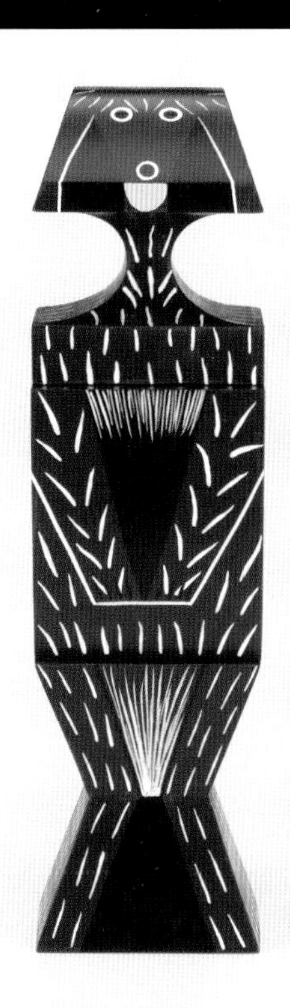

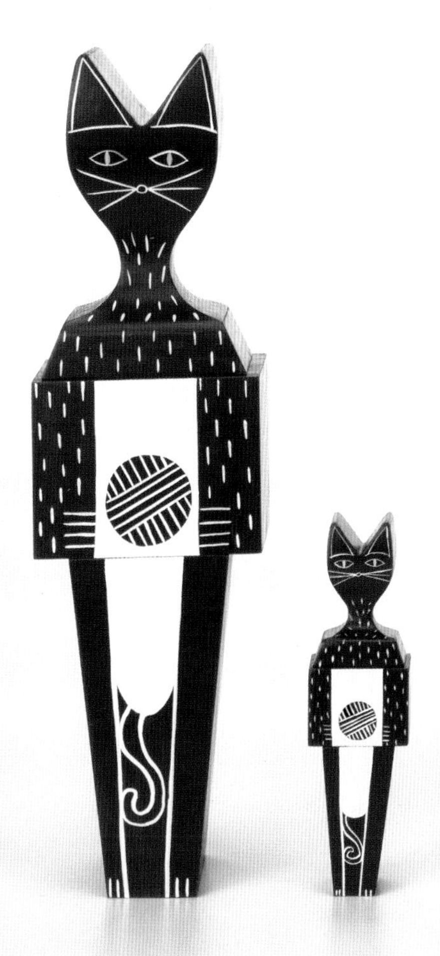

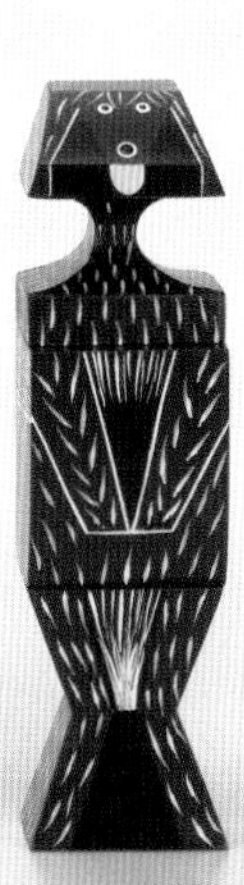

**设计师：**Alexander Girard

## 动物园时钟

真正多才多艺的设计师 George Nelson，作为一名平面设计师也很成功。他设计的动物园时钟，使用鲜艳的颜色来绘制动物，给孩子们提供了一种愉快的方式去学看钟表。

设计师：George Nelson
品牌：Vitra

## Furia 摇摆木马

用弯曲的山毛榉木框架制成的摇摆木马。

皮革软坐垫。标准系列抛光和上色。

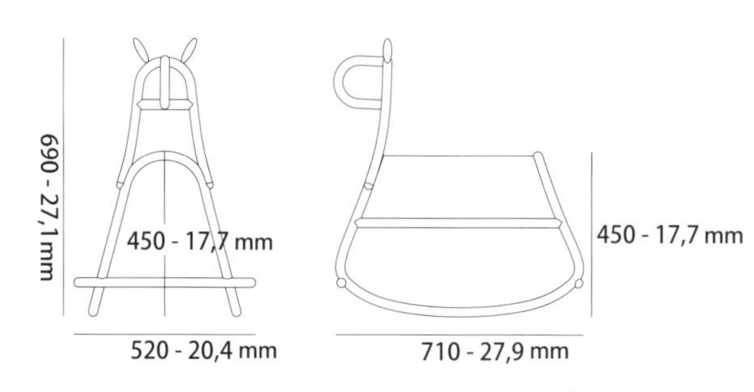


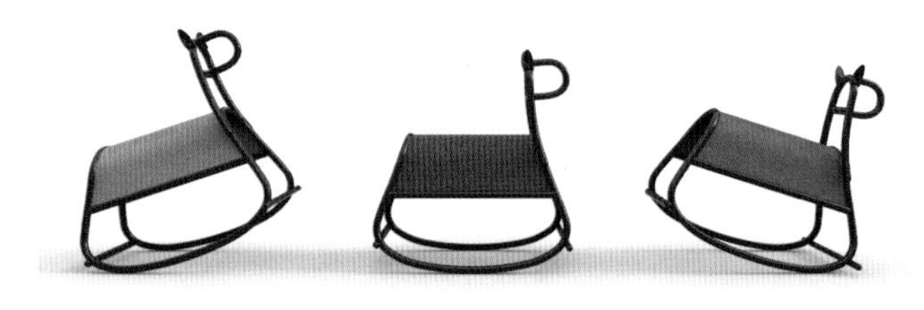

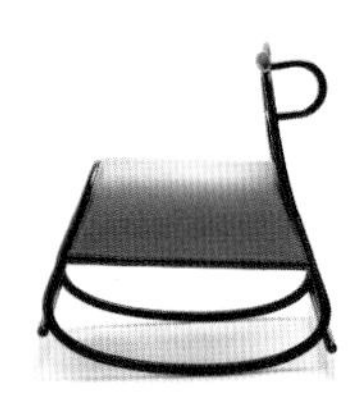

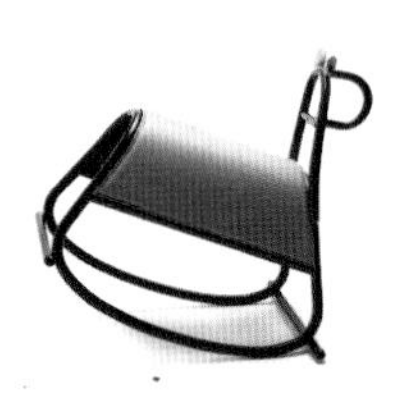

设计公司：Front

# 索引 （按字母顺序排列）

## 致谢

我们要感谢所有为本书做出重大贡献的设计公司和设计师。没有他们支持，本书将不可能成功出版。

我们还要感谢其他没有提到姓名的人，他们也为本书的出版提供了巨大的支持和帮助。


## 更多合作

如果您希望参与到我司的其他书籍，请联系我们：press@artpower.com.cn